手工基础入门

中国结基本结法全书

（大字护眼）

犀文图书 编著

天津出版传媒集团

天津科技翻译出版有限公司

图书在版编目（CIP）数据

中国结基本结法全书 / 犀文图书编著 . — 天津：天津科技翻译出版有限公司，2014.1

（手工基础入门）

ISBN 978-7-5433-3334-5

Ⅰ. ①中… Ⅱ. ①犀… Ⅲ. ①绳结－手工艺品－制作 Ⅳ. ① TS935.5

中国版本图书馆 CIP 数据核字 (2013) 第 311090 号

出　　版：天津科技翻译出版有限公司

出 版 人：刘 庆

地　　址：天津市南开区白堤路 244 号

邮政编码：300192

电　　话：（022）87894896

传　　真：（022）87895650

网　　址：www.tsttpc.com

策　　划：犀文图书

印　　刷：深圳市新视线印务有限公司

发　　行：全国新华书店

版本记录：787 × 1092　16 开本　10 印张　100 千字

2014 年 1 月第 1 版　2014 年 1 月第 1 次印刷

定价：39.80 元

前言 Preface

中国结是一门传承了千百年的民间手工艺，有着夺目的色彩，优美的造型，蕴含着浓郁的人文艺术气息，至今仍然深受人们喜爱。越来越多的中国结爱好者想亲自动手编制中国结，但又对那些看起来很复杂，让人眼花缭乱的结法望而却步。

的确，中国结的结法可谓博大精深，但看起来难度再大的结法也是由基本结变化组合而成，并且具有一定的规律可循。所以学习中国结不能眼高手低，要由浅入深、循序渐进，即从基础结法练起，所谓万变不离其宗，基本结掌握好了，就能融会贯通，再去编制中国结作品便会得心应手、游刃有余了。

本册《中国结基本结法全书》无疑是您学习、练习中国结基本结法的最佳参考书。书中共介绍了近 70 种经典实用的中国结的编结方法，包括几乎所有中国结的基本结法，同时也收录了部分常用的变化结和组合结，阐述了结艺的内涵和基本运用常识，并配有分步骤图解和详尽的文字说明；与此同时本书的结法运用与作品欣赏部分指导您将学会的基础结进行自由组合变化，再与各类配件进行巧妙的搭配，从而编制出独具个人风格的作品，真正做到学以致用、活学活用。本书图片高清，字体大号，让您阅读起来更为轻松愉悦，也能让广大中老年中国结爱好者阅读起来无障碍。

闲暇之时编制一些结艺作品，动手动脑，不仅可以练就一双巧手，还能陶冶情操，拓展思维，有效延缓大脑退化及预防老年痴呆，可谓好处多多。愿您在学习中国结的过程中获得无限乐趣，愿中国结的典雅吉祥、和谐之美伴您一生！

目录 Contents

基础知识

基本结法

结法运用与作品欣赏

基础知识

常用线材

在中国结的编制过程中，线是最主要的材料。线的种类很多，包括丝、棉、麻、尼龙、混纺等。各色各类的线能够编出许多形态与韵致各异的结。具体要选用哪种线，要根据编制的结和结的用途而定。

①5号线加金 ②4号线加金 ③5号线 ④4号线 ⑤A玉线

⑥803号芊棉线 ⑦821号芊棉线 ⑧842号芊棉线 ⑨71号线

⑩B玉线 ⑪6号线 ⑫C玉线 ⑬72号线

常用工具

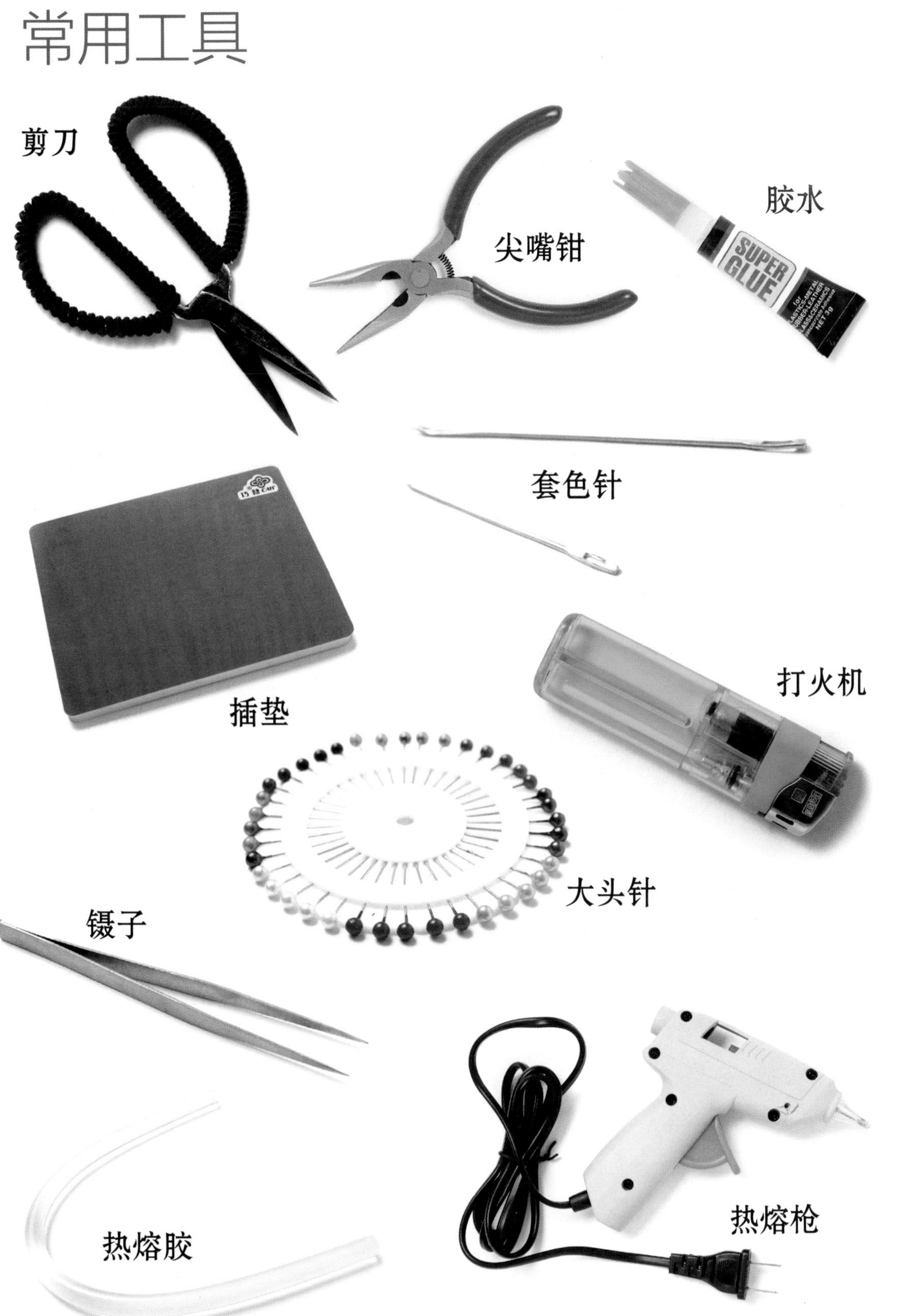

常用配件

一件好的中国结作品，往往是结饰与配件的完美组合。为结饰表面镶嵌圆珠、管珠，或是选用各种玉石、陶瓷等饰物做坠子，如果选配得宜，就如红花配绿叶，相得益彰了。

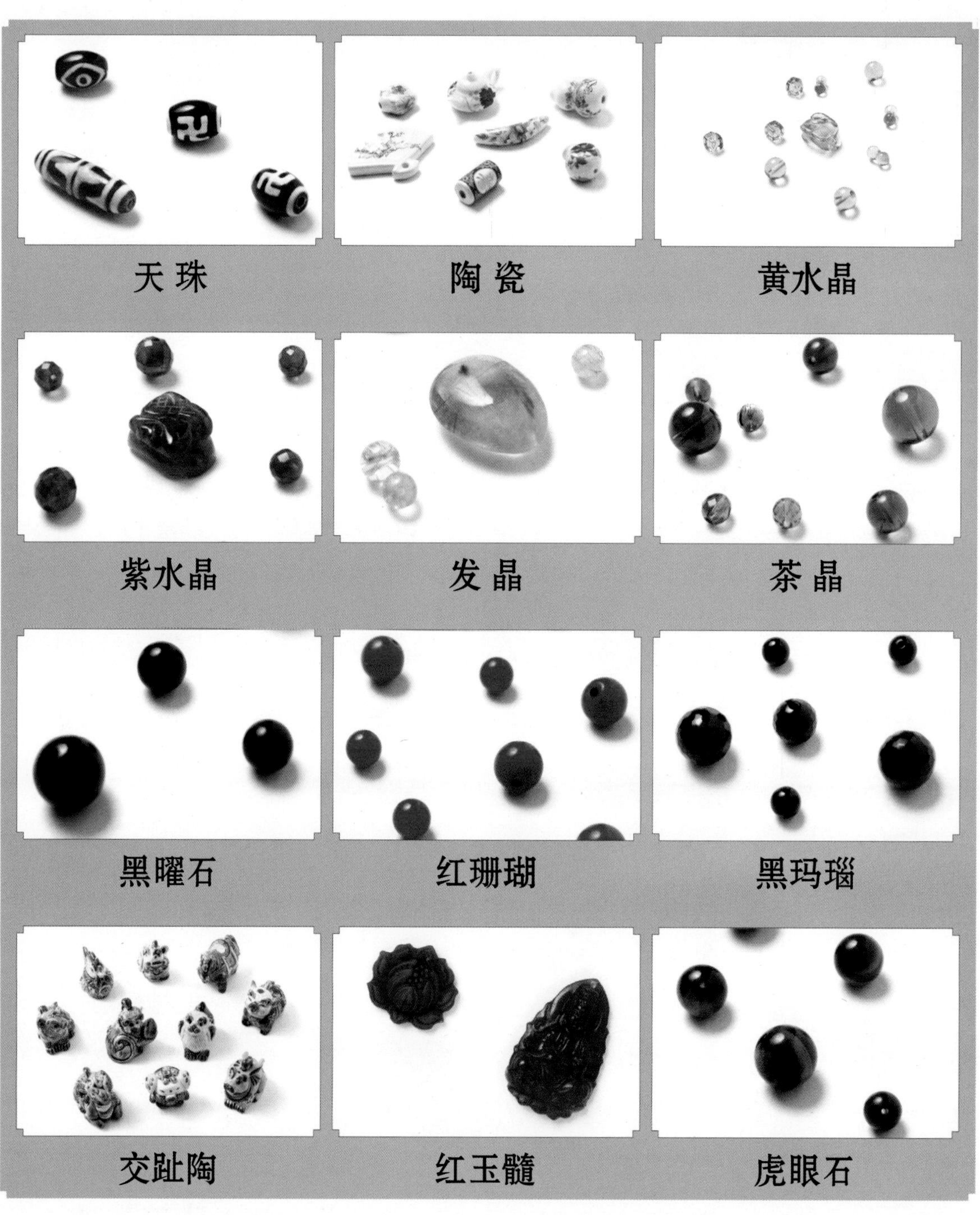

天珠　陶瓷　黄水晶

紫水晶　发晶　茶晶

黑曜石　红珊瑚　黑玛瑙

交趾陶　红玉髓　虎眼石

基本结法

平结

平结是一种最古老、最通俗和最实用的结式，因其完成后的形状非常扁平而得名。“平”有高低相等、不相上下之意，同时，又有征服、稳定的含义，如平安、平抑。

平结由于编结的方法不同，可分为单向平结和双向平结，多用来编手链。

单向平结

单向平结的结形是扭转的，呈螺旋上升状，多用来编手链、项链等。

制作过程

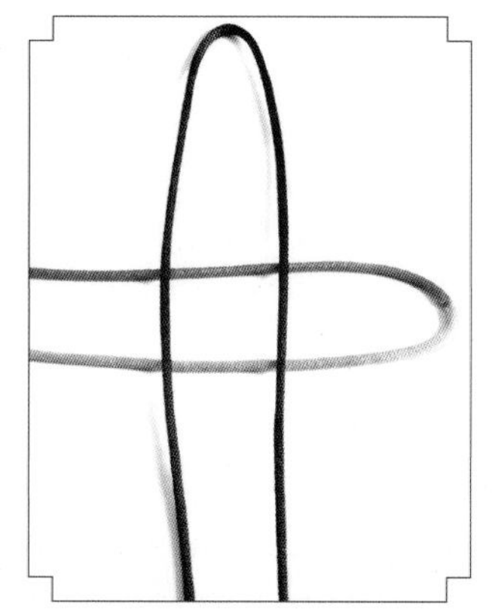

1. 将两条线对折，成十字交叉叠放。

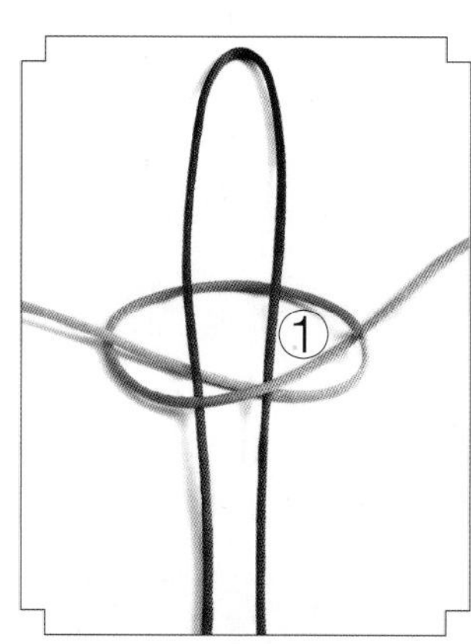

2. 黄线挑粉线，压垂线，穿出圈①。

3. 拉紧黄线、粉线。

4. 黄线向左挑垂线，绕出圈②，粉线挑黄线，向右压垂线，从圈②向下穿出。

5. 拉紧黄线、粉线。

6. 粉线向左挑垂线，绕出圈③，黄线挑粉线，向左压垂线，从圈③向下穿出，拉紧。

7. 依照步骤4、5编结，结体自然形成螺旋形。

8. 这样就可以编出连续的单向平结。

双向平结

双向平结的外观如梯子，结形扁平笔直，常用来编项链、手链，或编制动物图案，如蜻蜓的身体部分。

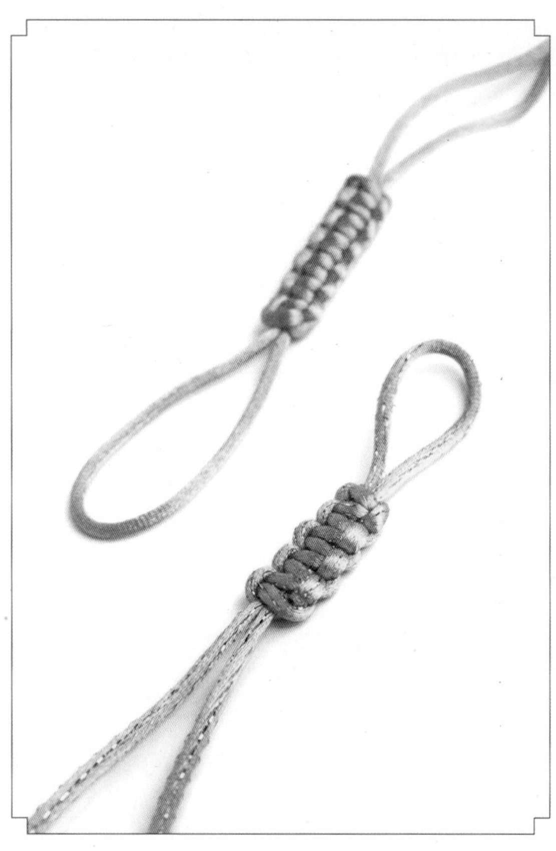

制作过程

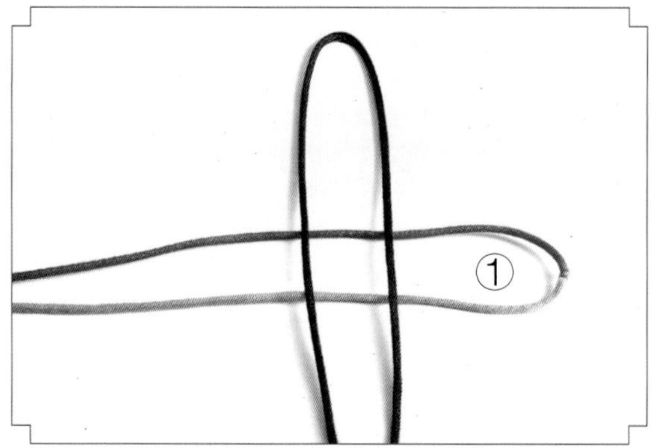

1. 将两条线对折，成十字交叉叠放。

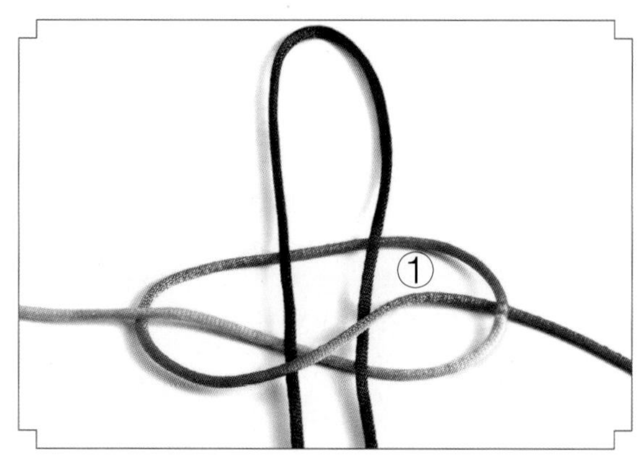

2. 黄线挑粉线，压垂线，穿过圈①。

3.拉紧黄线、粉线。

4.粉线向右挑垂线，绕出圈②，黄线挑粉线，向左压垂线，从圈②向下穿出，拉紧。

5.粉线向左挑垂线，绕出圈③，黄线挑粉线，向右压垂线，从圈③向下穿出，拉紧。

6.依照步骤4、5，可编出连续的双向平结。

单结

单结俗称死结，是一个极有用的基本绳结，也是许多绳结构成的基本元素，可防止绳自一孔中滑出以及防止绳端松散，是所有结中最容易、体积最小的结，常用于手链的收尾。

制作过程

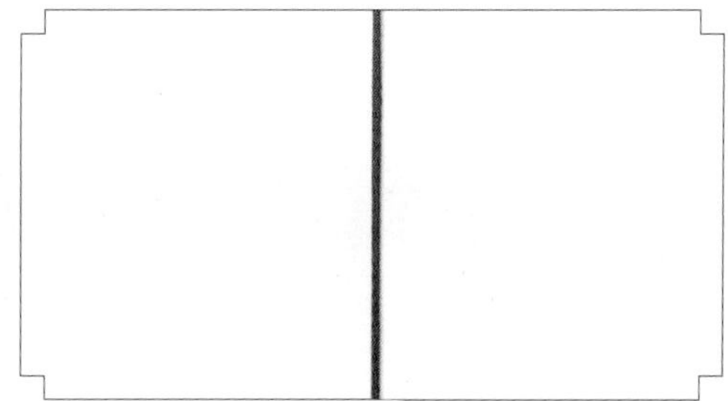

1. 准备 1 条线。

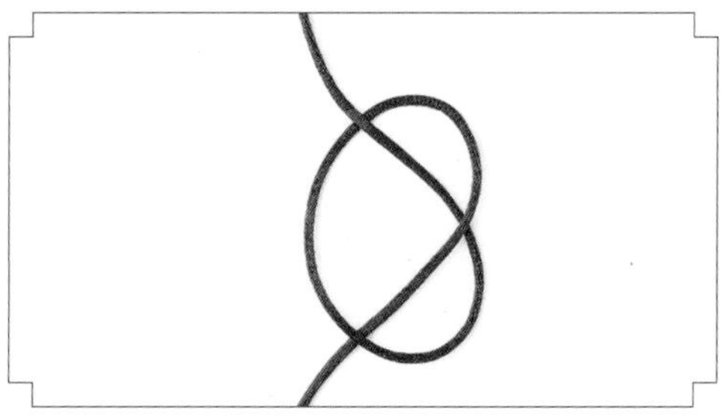

2. 将线绕转打 1 个结。

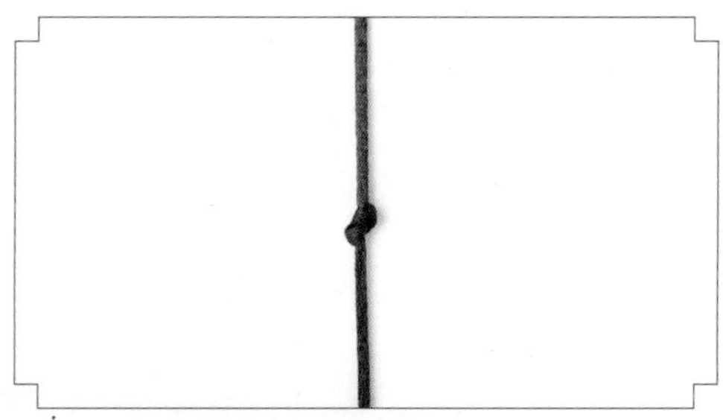

3. 拉紧线的两端。

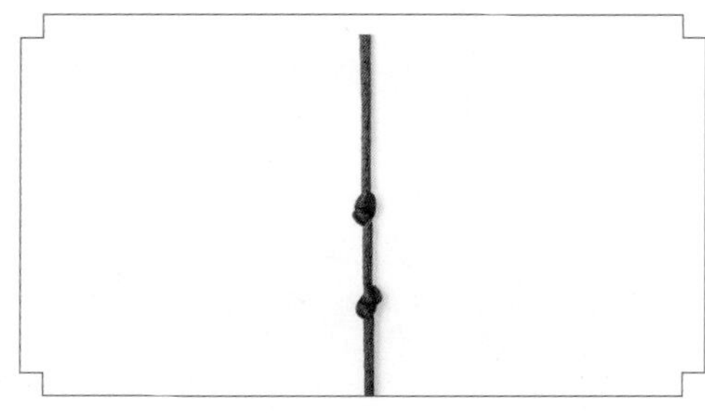

4. 重复步骤 2~3，即可编出连续的单结。

秘鲁结

秘鲁结常用于项链和手链的结尾，可灵活调节链绳的长度。

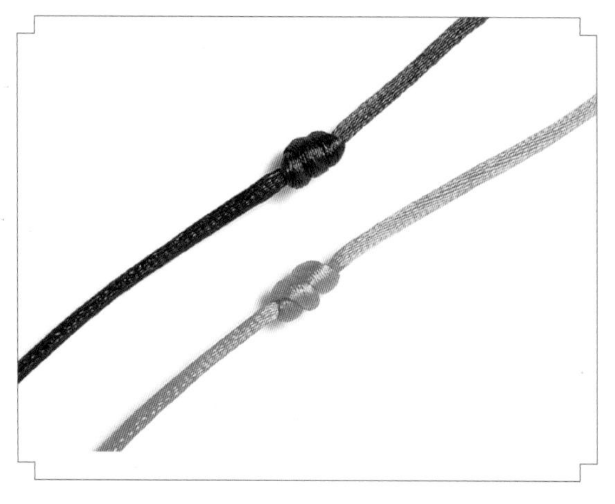

制作过程

1. 取1段线如图摆放。（注意：编结时可以选取细长的棍状物作为辅助工具，也可以用手指来代替。）

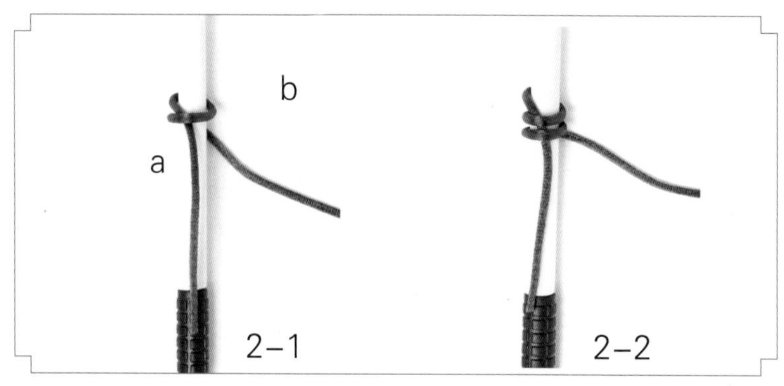

2. b 段如图绕 a 段两圈。（注意：所绕的圈数可以根据需要而定。）

3. b 段向上穿过 a 段，在内侧打结固定。

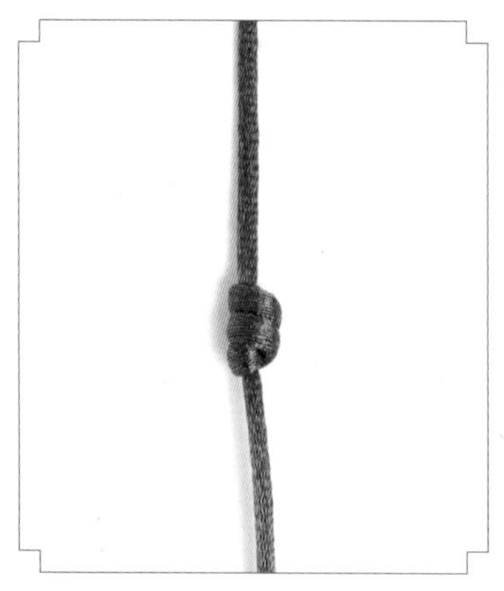

4. 拉紧 a、b 段即可。

双联结

“联”有连、合、持续不断之意。双联结即以两个单结相套连接而成，故名“双联”，联与连同音，在中国吉祥语中，可以隐喻为连中三元、连年有余、连科及第等。

双联结又名双扣结，它的结形浑圆小巧，且最大的特点是不易松散，常被用于编织结饰的开端或结尾，固定主结的上下部分，有时用来编手链、项链。

制作过程

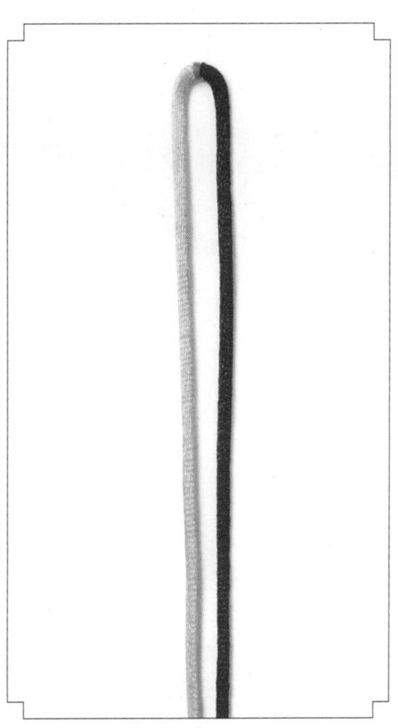

1. 将黄线和红线的一头用打火机略烧后对接成一条线，如图对折。

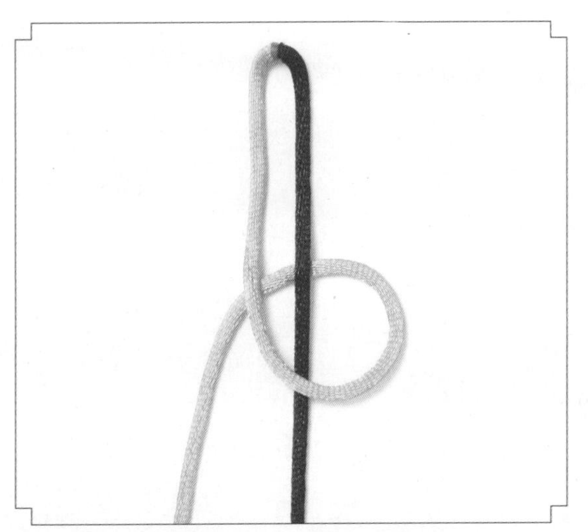

2. 黄线如图压红线，绕出右圈。

3. 黄线如图压、挑，穿出右圈。

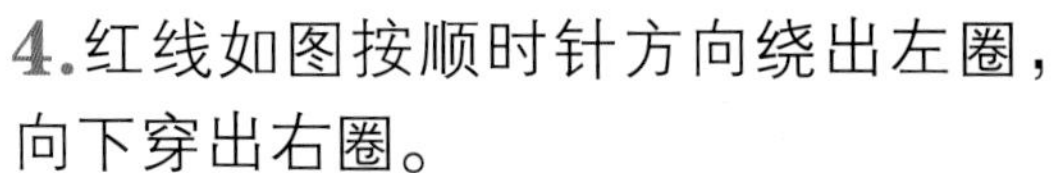

4.红线如图按顺时针方向绕出左圈，向下穿出右圈。

5.红线如图穿出左圈。

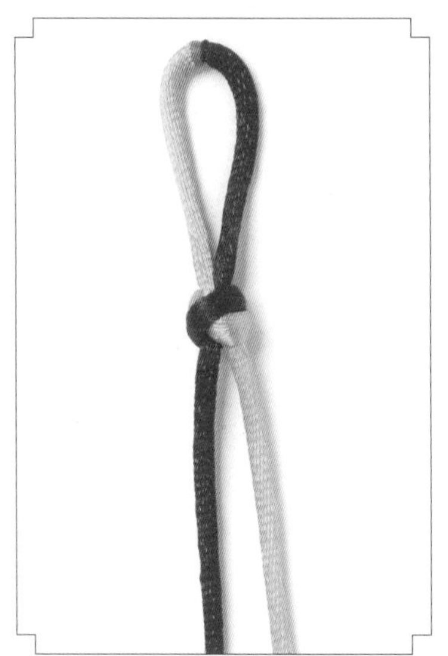

6.拉紧黄线和红线，整理即可。

双翼双联结

在双翼双联结中，结与结之间的连接线是圆圈，可以在圆圈里加入饰物作装饰，做成手链、项链等。

制作过程

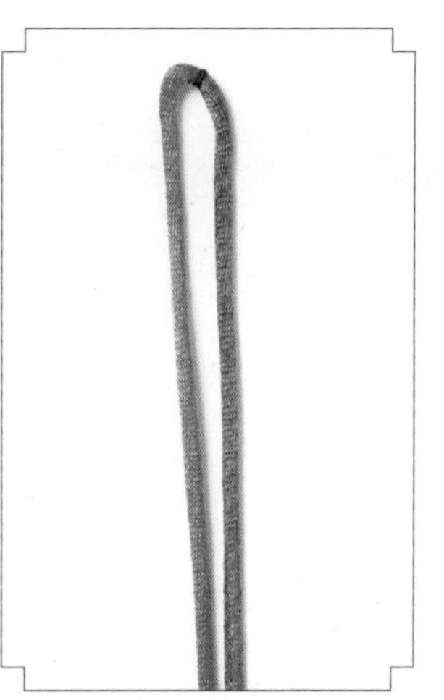

1. 将红线和绿线的一头用打火机略烧后对接成一条线，如图对折。

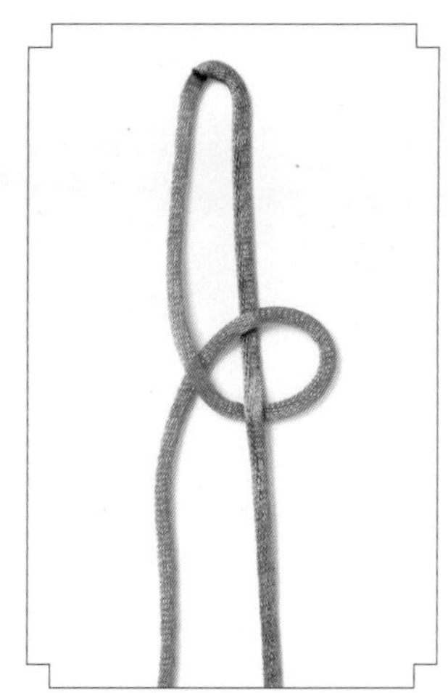

2. 红线按逆时针方向绕出右圈。

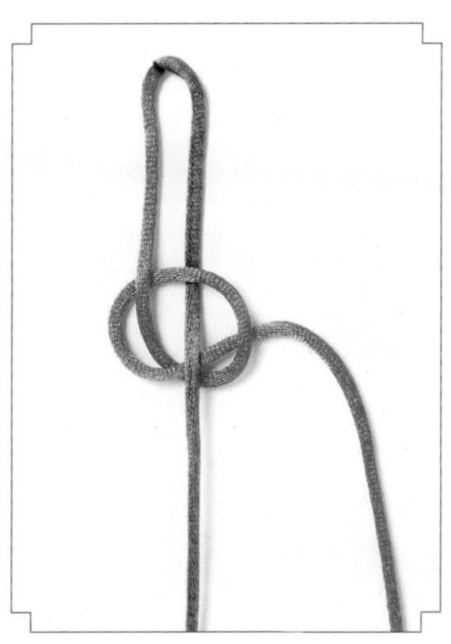

3. 红线从右圈中穿出。

4.绿线如图穿过右圈，形成左圈。

5. 绿线如图从左圈中穿出。

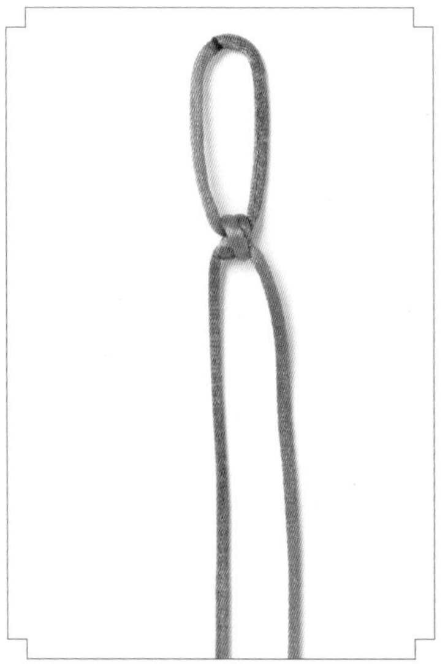

6. 拉紧两线。

7.绿线仿照步骤3的做法绕1个圈。

8. 红线仿照步骤 5 的方法绕 1 个圈。

9. 收紧结体。

10. 重复以上做法即可编出连续的结体。

辫子

辫子常用于编制项链、手链等，这里介绍最常用的两股辫、三股辫、四股辫、八股辫的编法。

两股辫

两股辫简单易学，而且结形美观，多用于编织项链、手链、腰带。

制作过程

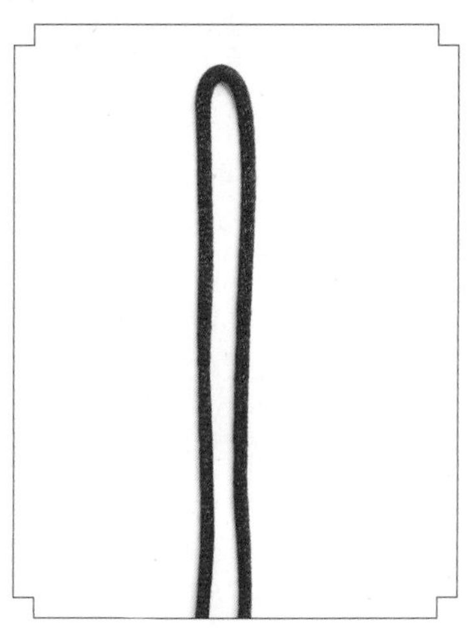

1. 取 1 条线并对折。

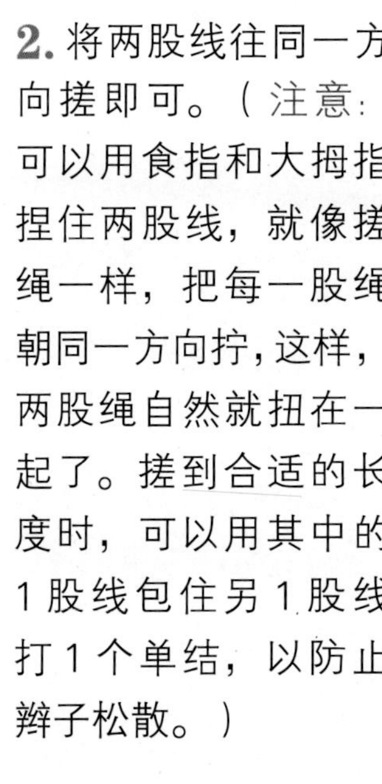

2. 将两股线往同一方向搓即可。（注意：可以用食指和大拇指捏住两股线，就像搓绳一样，把每一股绳朝同一方向拧，这样，两股绳自然就扭在一起了。搓到合适的长度时，可以用其中的 1 股线包住另 1 股线打 1 个单结，以防止辫子松散。）

三股辫

三股辫以左右线交叉编结而成，是一种非常实用的结，常用于项链、手链的编制。

制作过程

1. 准备 3 条线，用其中的 1 条线包住另外两条线打 1 个单结。

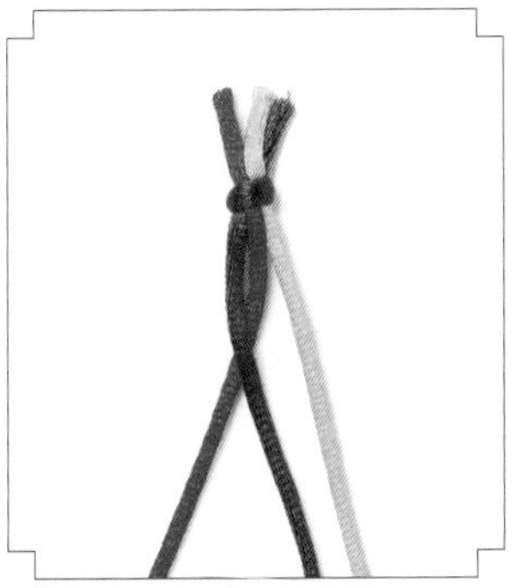

2. 棕线如图向右压住红线。

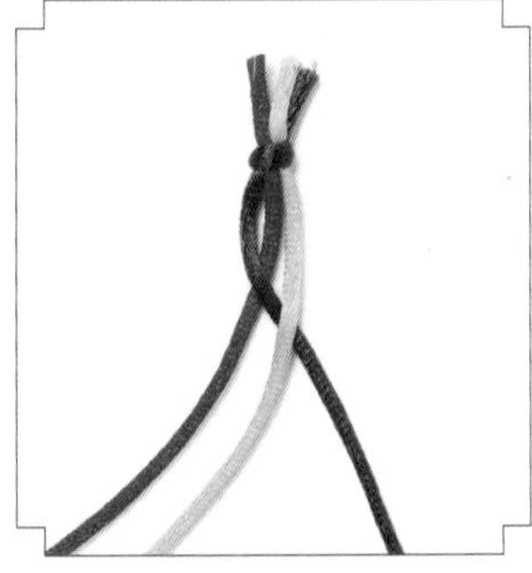

3. 黄线向左压住棕线。

4. 红线向右压住黄线。

5.3 条线仿照前面的方法连续挑压。

6. 编至合适的长度，用尾线打 1 个金刚结防止结体松散即可。

四股辫

四股辫四线相绕，轮回旋转，象征着人生爱恨情仇，道尽人生喜怒哀乐。

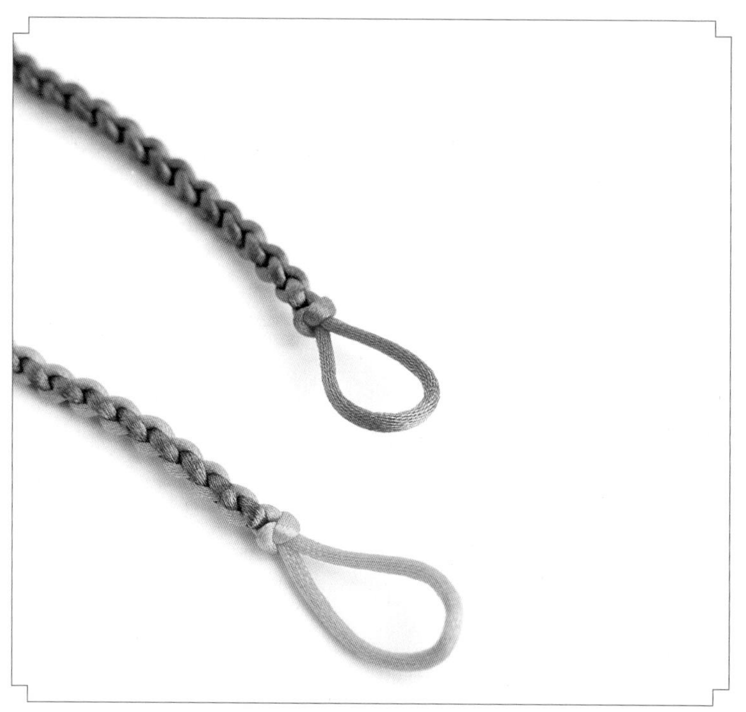

制作过程

1. 准备 4 条线，用其中的 1 条线包住另外的 3 条线打 1 个单结。

2. 绿线压住粉线，在棕线和黄线中间做1个交叉。

3. 棕线压住黄线，在粉线和绿线下面做 1 个交叉。

4. 粉线压住绿线，在棕线和黄线下面做 1 个交叉。

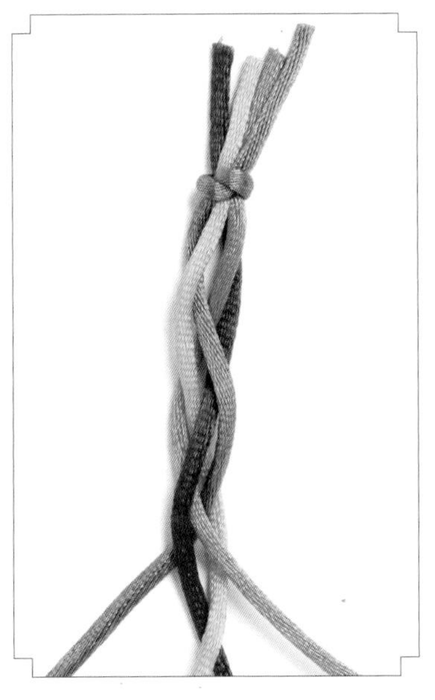

5. 黄线压住棕线，在粉线和绿线下面做1个交叉。

6. 把线拉紧。

7. 仿照前面的方法连续编结，编至合适的长度，取其中的1条线包住其余的线，打1个单结固定即可。

八股辫

八股辫是在四股辫的基础上加入四条线相互交叉缠绕而成，其编法与四股辫是同样的原理，看似复杂，其实有规律可循。八股辫通常用于编制手链和项链的链绳。

制作过程

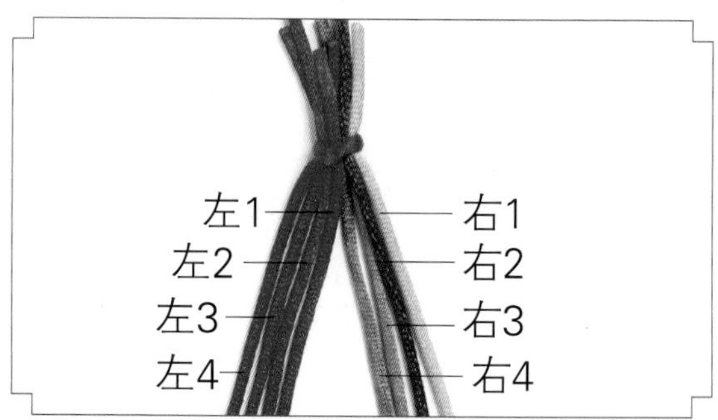

1. 准备 8 条线，在上端打一个单结固定，把线平均分成左右两份。

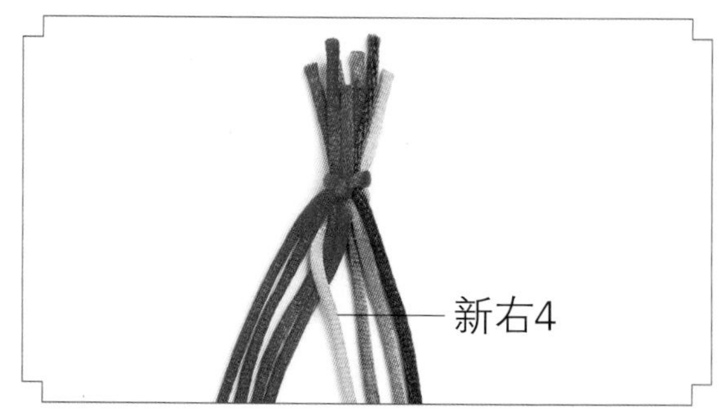

2. 用右边最外侧的右1从后面绕到中间，压左1和左2，成为新右4。

3. 用左边最外侧的左4从后面绕到中间，压新的右3和右4，成为新左1。

4. 同样，用右边最外侧的右1压新左1和新左2，成为新右4。

5. 用左边最外侧的左4压新右3和新右4，成为新左1。

6. 用右边最外侧的右 1 压新左 1 和新左 2，成为新右 4。

7. 用左边最外侧的左 4 压新右 3 和新右 4，成为新左 1。

8. 仿照上面的做法连续编。

9. 编到合适的长度，取其中的一条线，包住其余的七条线打单结固定。（注意：编八股辫时要把线拉紧一点，不然编出来松松散散的会不好看。）

纽扣结

纽扣结形如钻石，故又称钻石结，是生活中很常见的结饰之一，最初用于中国古代的服饰中，是一种既实用，又具装饰性的结饰。纽扣结既可单独构成美丽的盘扣，又可以与其他的配件相搭配做成漂亮的耳饰、项链等饰品。

单线纽扣结

单线纽扣结是由线的一头编结而成，多用在项链、手链、耳环上作点缀，以增加结饰的美感。

制作过程

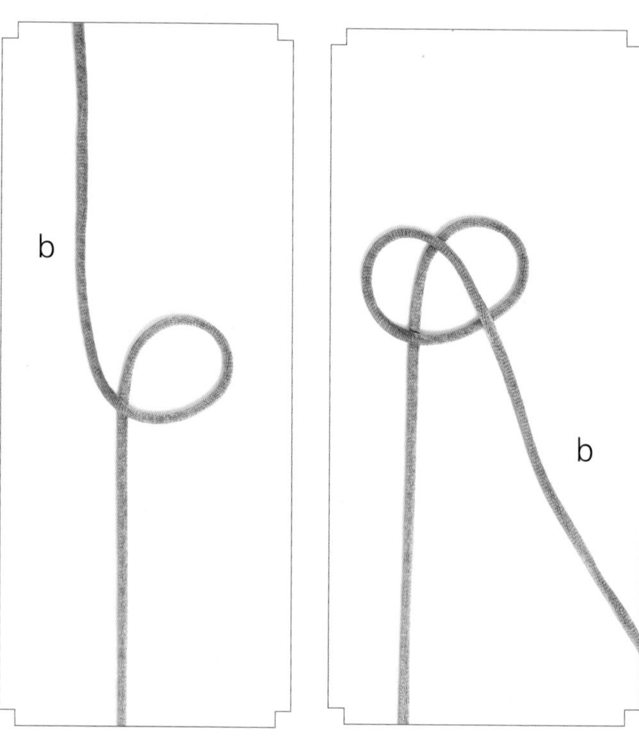

1. 准备1条线。b段如图按顺时针方向向上绕一圈。

2. b段如图再绕一圈。

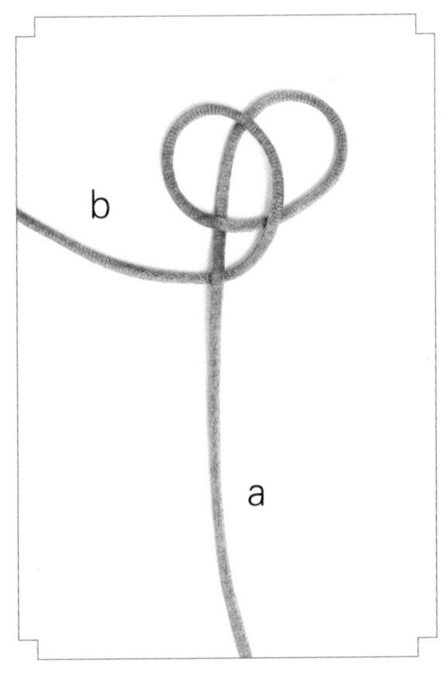

3.b段如图挑a段。

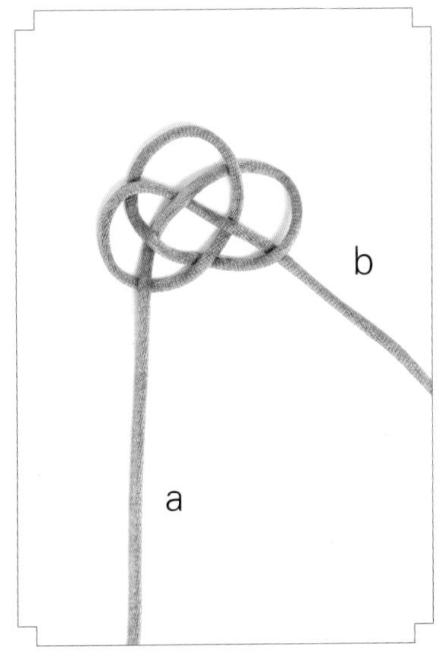

4.b段如图做压、挑。

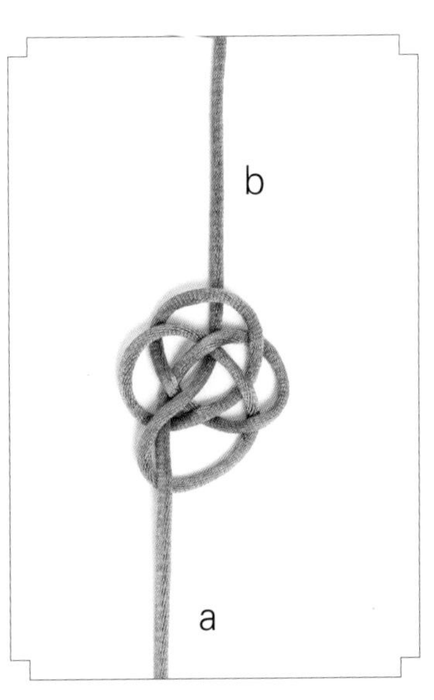

5.b段如图从a段后面绕过，向上穿过中心。

6.把a、b段分别向两边拉，调节好结形即可。

双线纽扣结

双线纽扣结常用于编项链、手链的开头部分，也可用在编绳中间作装饰。

制作过程

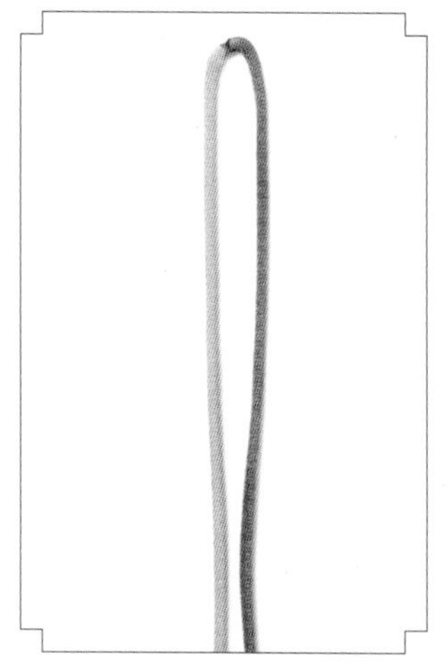

1. 将黄线和绿线的一头用打火机略烧后对接成一条线，如图对折。

2. 将黄线按逆时针方向绕出左圈。

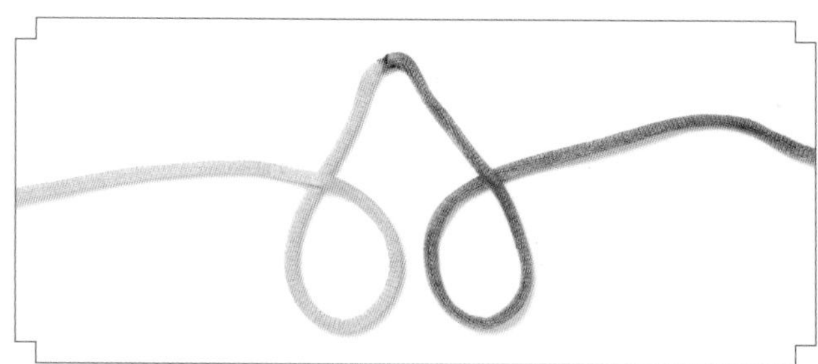

3. 将绿线按顺时针方向绕出右圈。

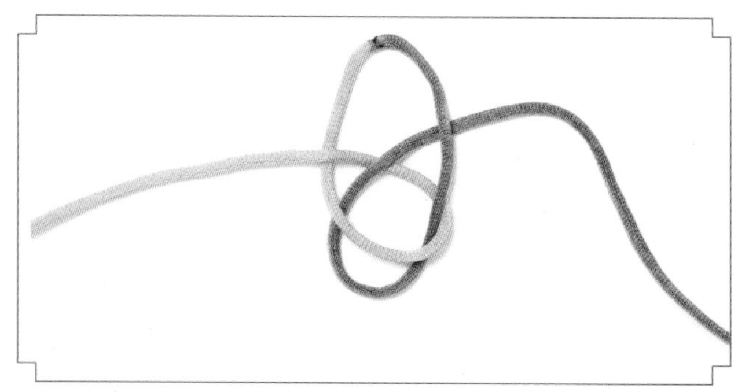

4. 右圈如图套在左圈中。

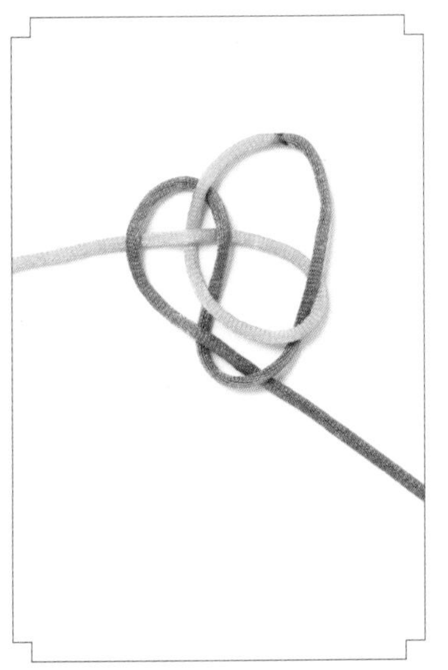

5. 右圈如图翻转，然后将绿线从左圈下方穿出，黄线如图走线。

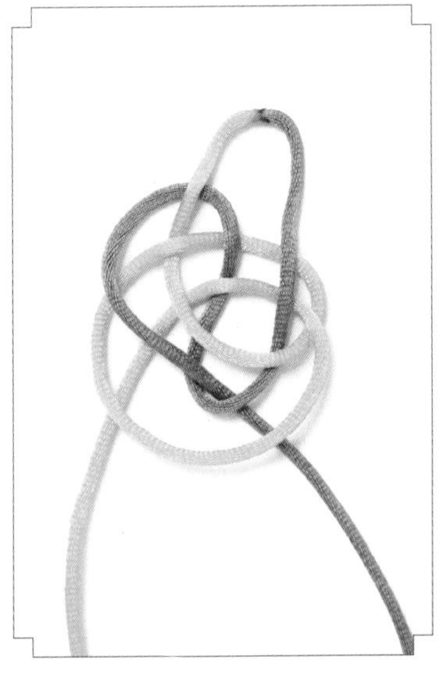

6. 黄线如图按逆时针方向走线，从上往下穿进中间的洞。

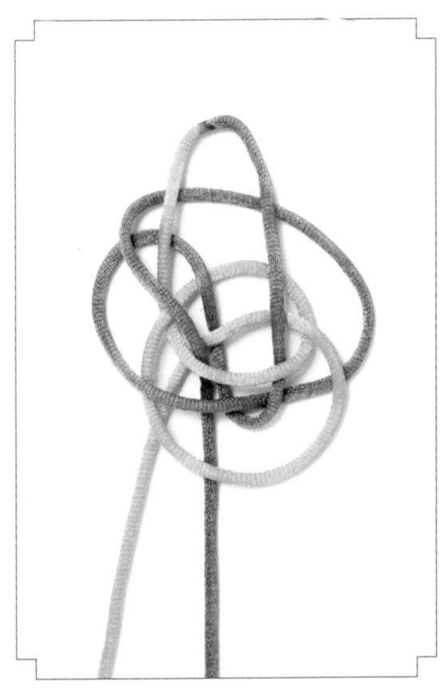

7. 绿线如图按逆时针方向走线，从上往下穿进中间的洞。

8. 将线拉紧，调整好结形即可。

金刚结

金刚结代表金玉满堂、平安吉祥。金刚结外形与蛇结相似，但蛇结容易摇摆松散，而金刚结更牢固，更稳定。

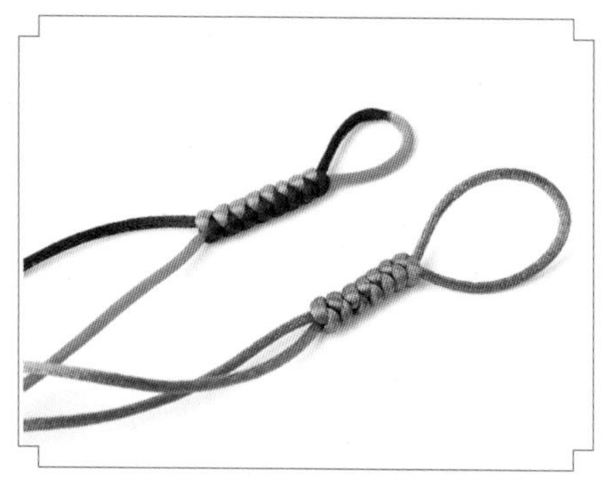

制作过程

1. 将红线和黄线的一头用打火机略烧后对接成一条线，红线如图压黄线，绕出右圈。

2. 黄线如图挑红线，向下穿过右圈。

3. 拉紧两线。

4. 重复步骤 2~3 的做法。

5. 用同样的方法编结，即可编出连续的金刚结。

蛇结

蛇结形如蛇骨，结体稍有弹性，可以左右摇摆，结式简单大方，常用于编项链、手链等，是一种常用的基本结。

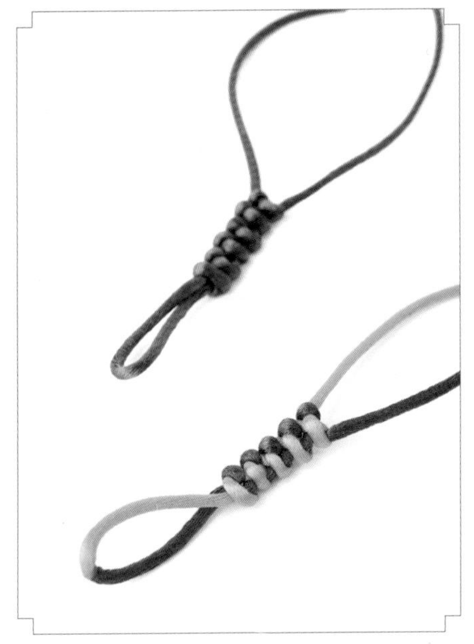

制作过程

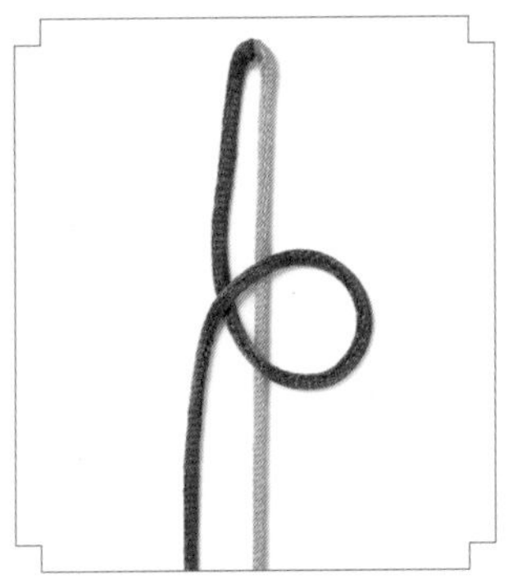

1. 将棕线和黄线对接成一条线，如图对折，棕线压黄线，并按逆时针方向绕出右圈。

2. 黄线如图压棕线，并按顺时针方向绕出左圈，然后向下穿过右圈。

3. 拉紧棕线和黄线。

4. 重复步骤 2 的做法。

5. 将线收紧。

6. 重复前面做法，即可编出连续的蛇结。

万字结

“万”，象征着众多的数目，如“日理万机”、“腰缠万贯”。“万”也写作“卍”，“卍”原为梵文，为佛门圣地常见图记，在武则天长寿二年，被采用为汉字，其音为“万”，被视为吉祥万福之意。

本结因结心似“卍”字而得名。万字结常用来当做结饰的点缀，以寓万事如意、福寿万代之意。

制作过程

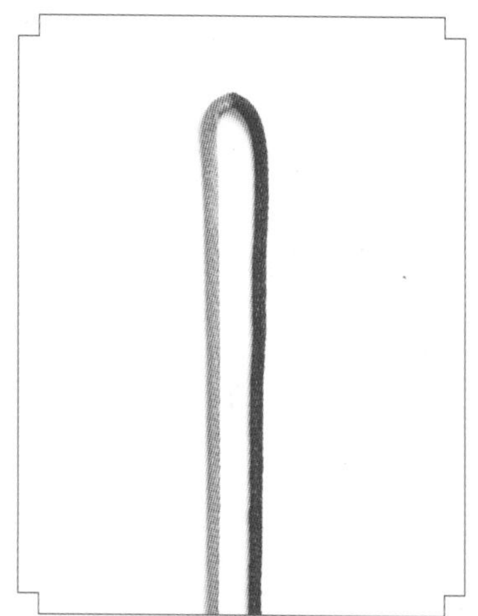

1. 将红线和黄线的一头用打火机略烧后对接成一条线，如图对折。

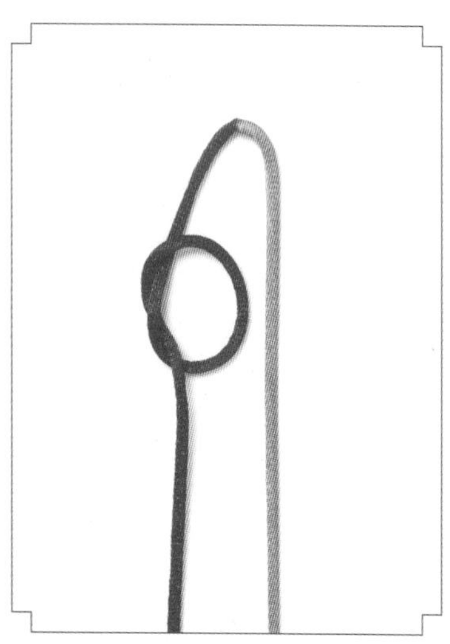

2. 红线如图打结，形成左圈。

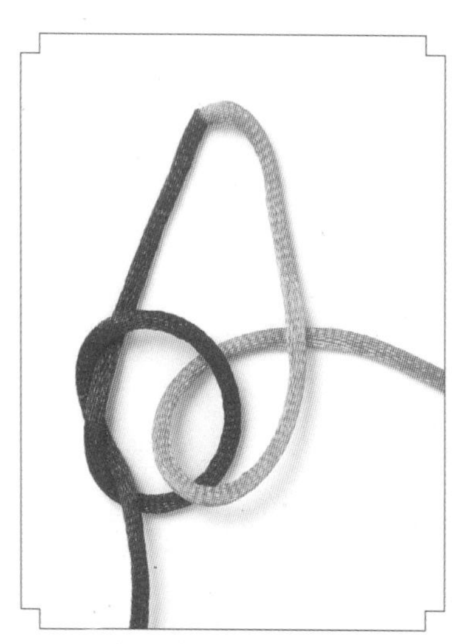

3. 黄线如图穿入左圈。

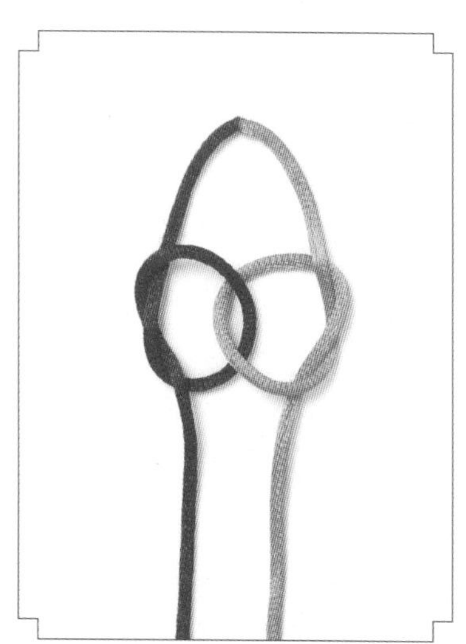

4. 黄线如图做出右圈。

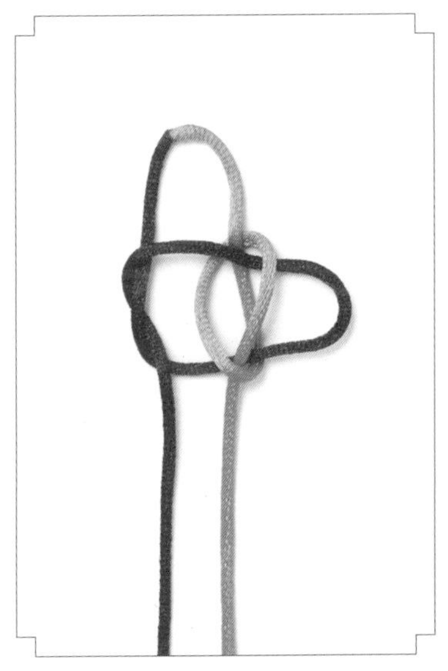

5. 将左圈如图从右圈中拉出。

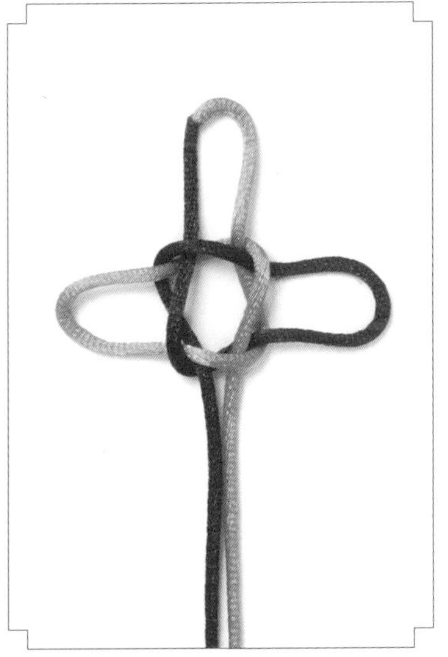

6. 将右圈如图从左圈中拉出。

7. 拉紧结体并调整即可。

凤尾结

凤尾结又名发财结、八字结，一般用于中国结作品的结尾，起装饰作用，象征龙凤呈祥、事业发达、财源滚滚。

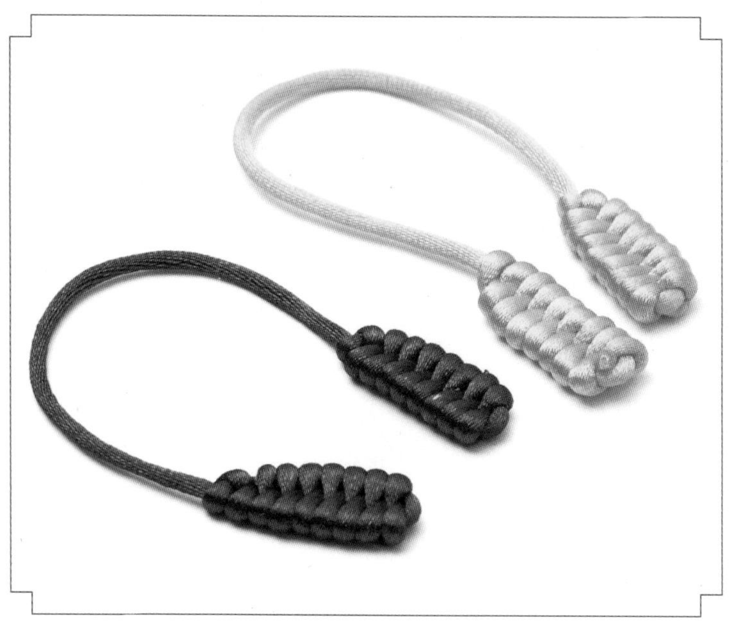

制作过程

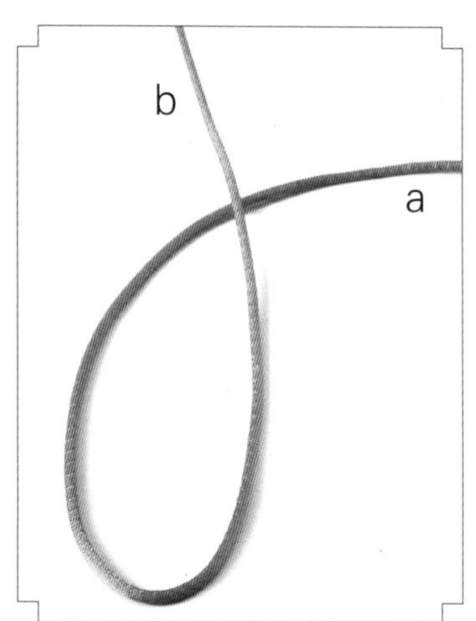

1.a、b交叉绕出一圈。

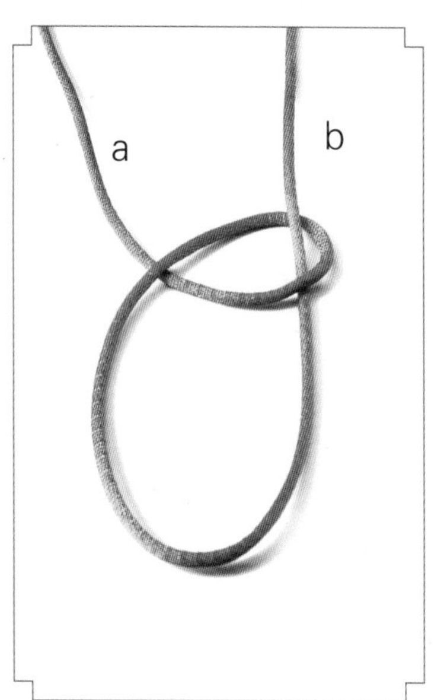

2.a 以压、挑的方式向左穿过线圈。

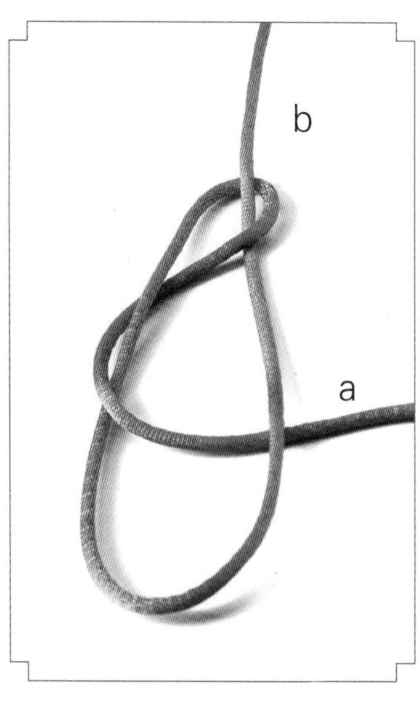

3.用同样方法向右穿过线圈。

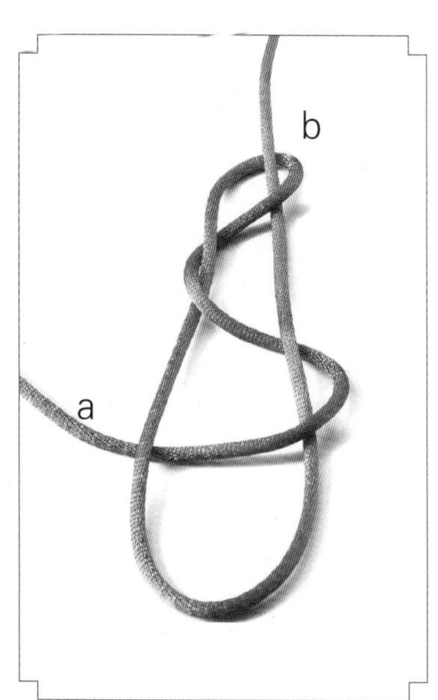

4.重复压、挑。

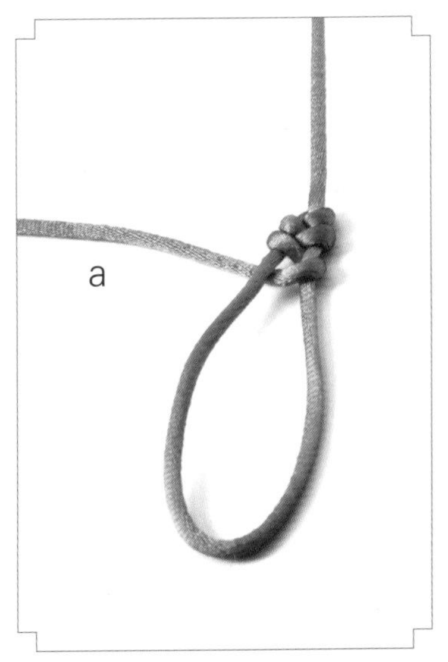

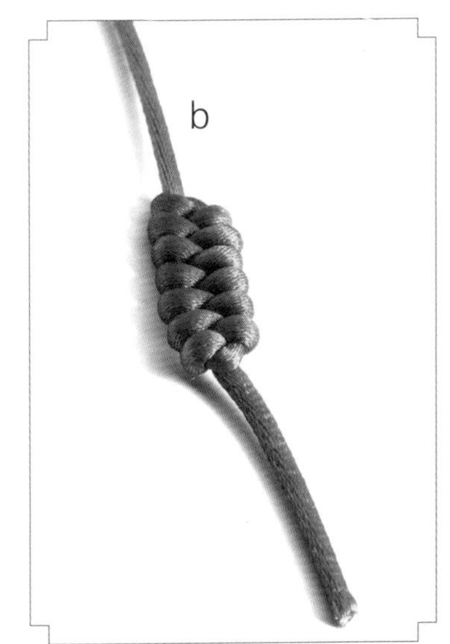

5.一边编结，一边按住结体，拉紧a。

6.重复步骤2～3。

7. 把 b 线向上拉紧。

雀头结

雀头结是常用的基础结，象征喜上眉梢、心情雀跃，它的结式简单，常应用于结与饰物之间相连或固定线头之用，也可做饰物的外圈用。

制作过程

1.将红线和绿线的一头用打火机略烧后对接成一条线，如图对折。

2.红线如图以绿线为轴，按顺时针方向绕一圈。

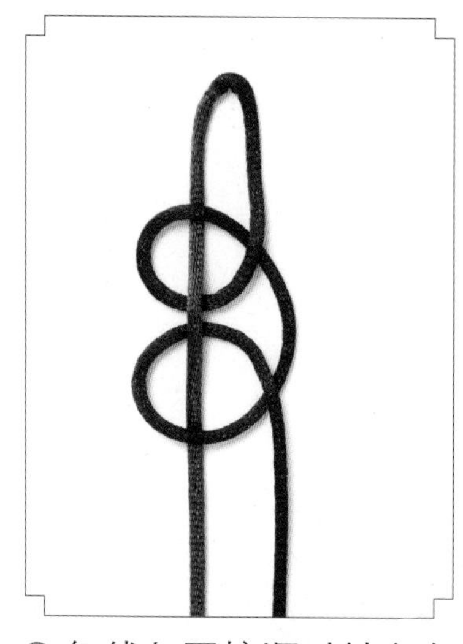

3.红线如图按顺时针方向再绕一圈，注意线的挑、压方法。

4.拉紧红线，将结体收紧。

5.重复步骤2的做法再绕一圈。

6.再次重复步骤3的做法。

7.重复编结，编至所需的长度即可。

轮结

轮结的编法跟雀头结类似，只是绕线的方向不完全一样。轮结常用于编项链或手链的链绳等。

制作过程

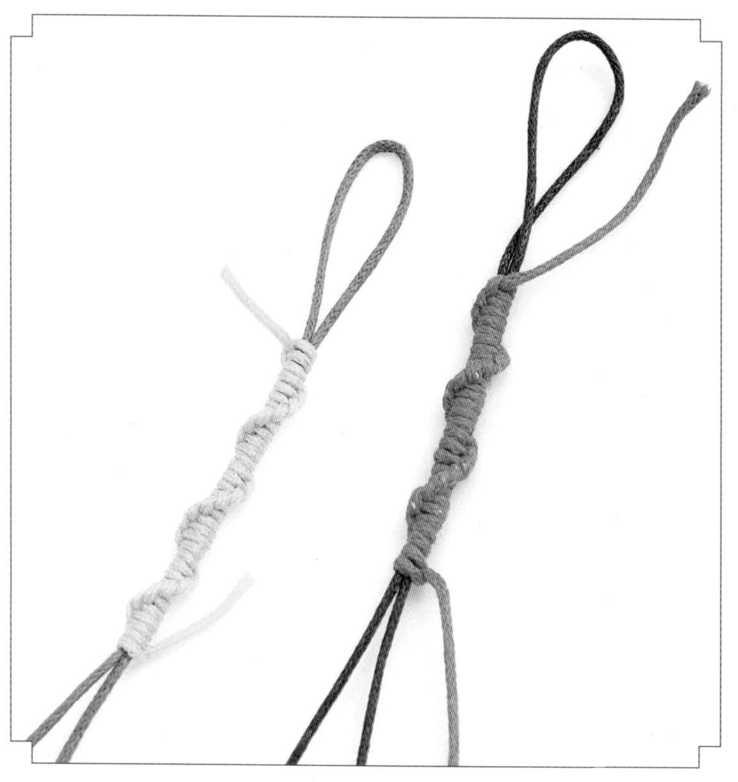

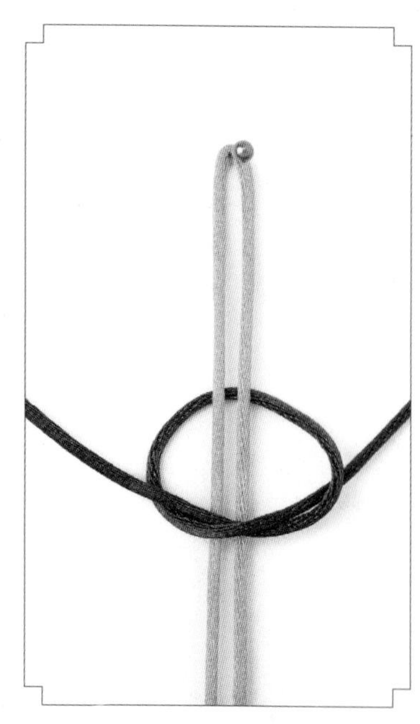

1.如上图，用一条线绕着中心线的上面编一个单结。

2. 将单结拉紧。

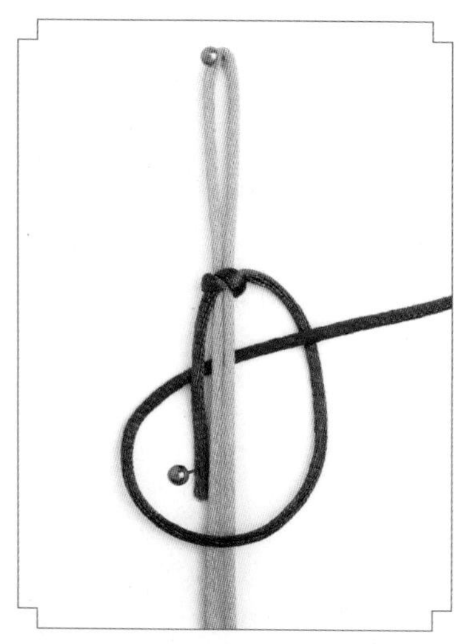

3.将左线固定，用右边的线以顺时针方向绕中心线一圈，然后如图穿出来。

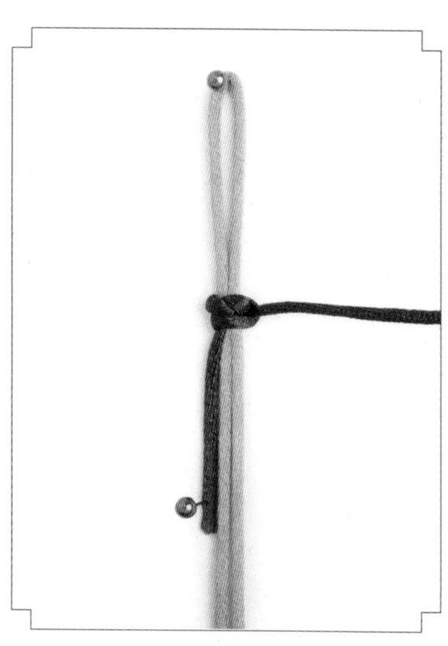

4.将右边的线向右拉紧。

5.重复步骤3的做法。

6. 拉紧右边的线。

7. 连续编结，即可编出漂亮的螺旋状结体。

套环结

套环结的结与结之间环环相套，常用于作饰物的外圈。

制作过程

1.取1个塑料圈，用1条线如图绕1个圈。

2.如图再绕1个圈。（注意：线挑、压的方法与步骤1相反。）

3.拉紧线的两头。

4.线如图绕圈。

5-1　　5-2

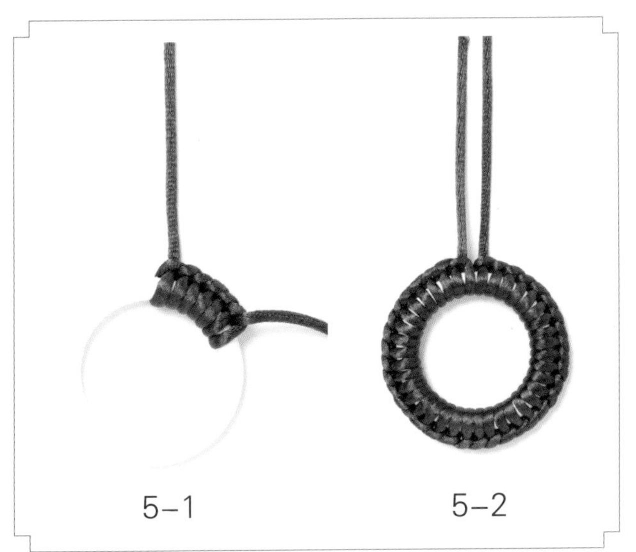

5.重复步骤4的做法，直到编满整个塑料圈。

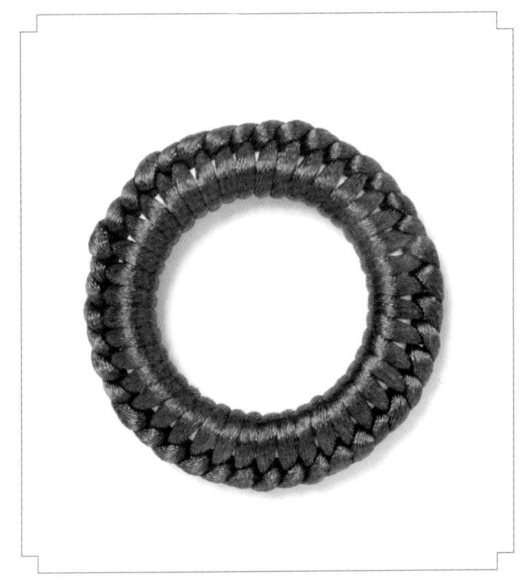

6. 把多余的线剪掉，然后用打火机将线头略烧后对接起来即可。

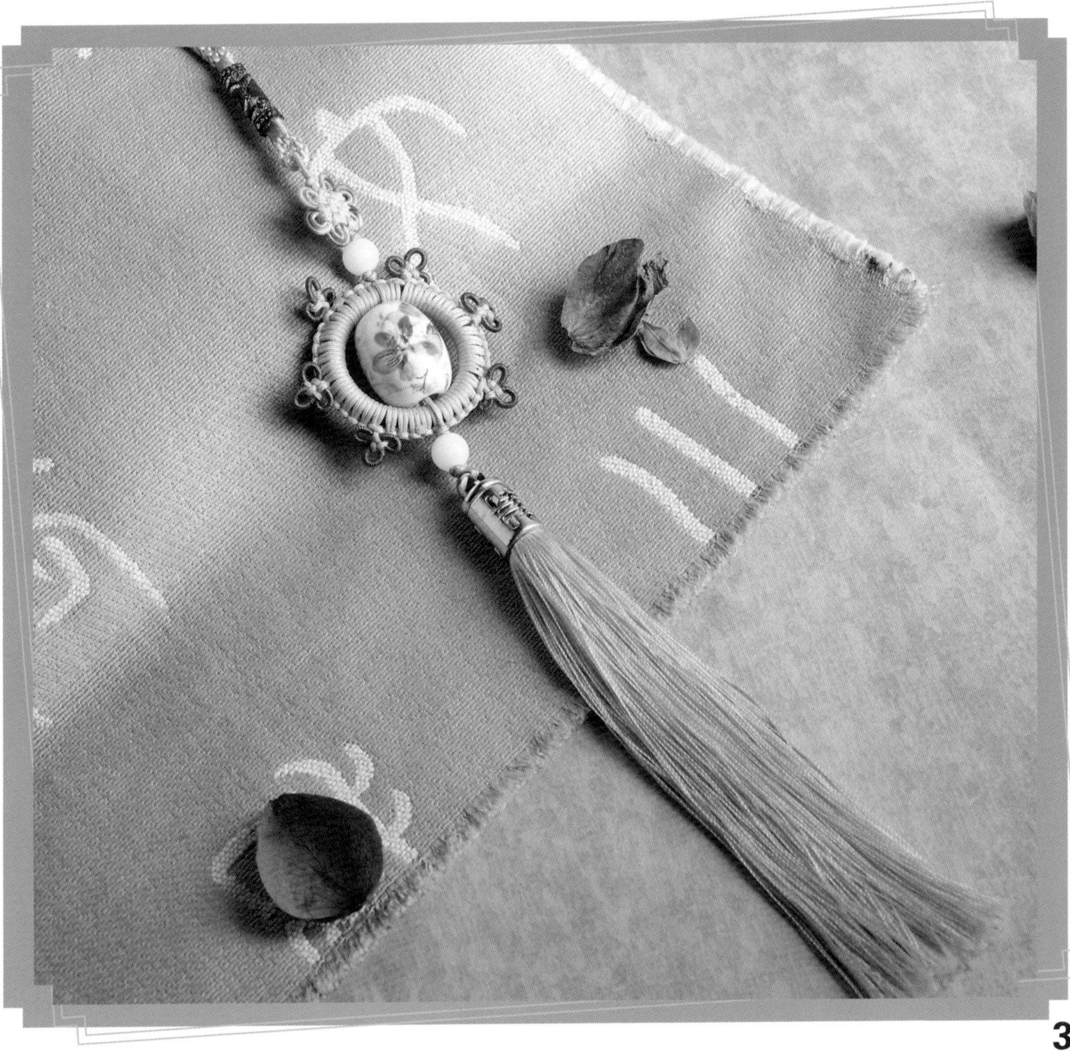

蜻蜓结

蜻蜓结形似蜻蜓，由纽扣结、万字结、平结组合而成，如果在纽扣结上粘一双眼睛，就更形象了。此结寓意展翅飞翔、事业发达。

制作过程

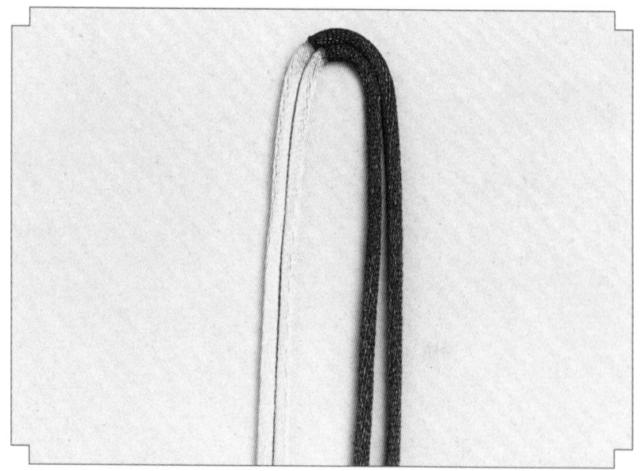

1.用两根线一起编一个双线纽扣结。

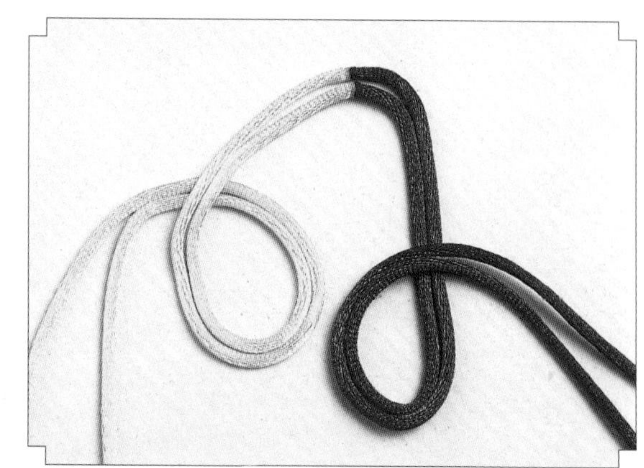

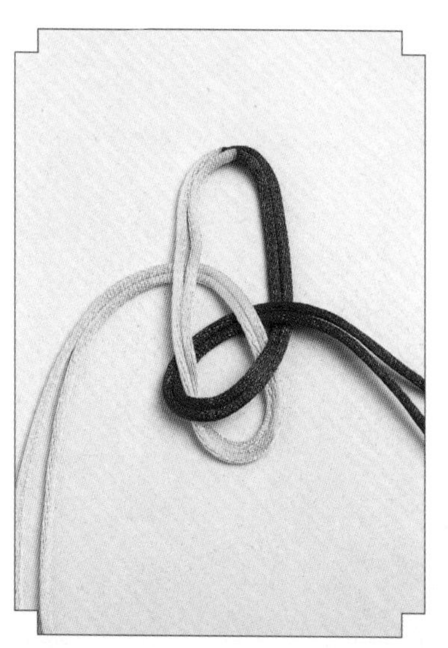

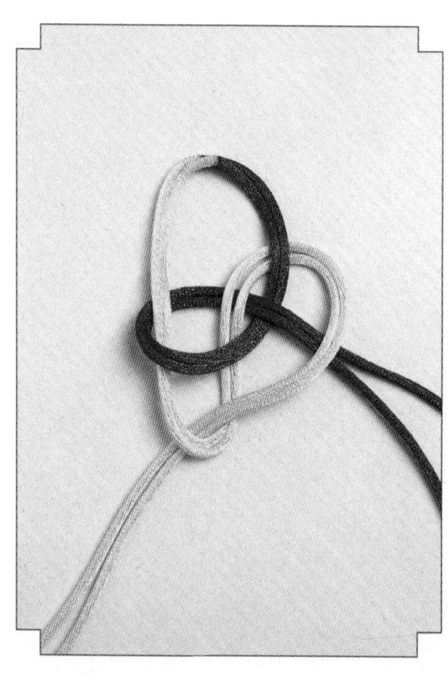

2.接着编一个双线万字结。

3.在万字结下编双向平结。

4.编至适当长度后剪线收尾即可。

绕线

绕线可以将绳子加粗，也能使绳子呈现不同的质感和颜色。主要用于做手链、项链的链绳等。

绕一段较长的股线

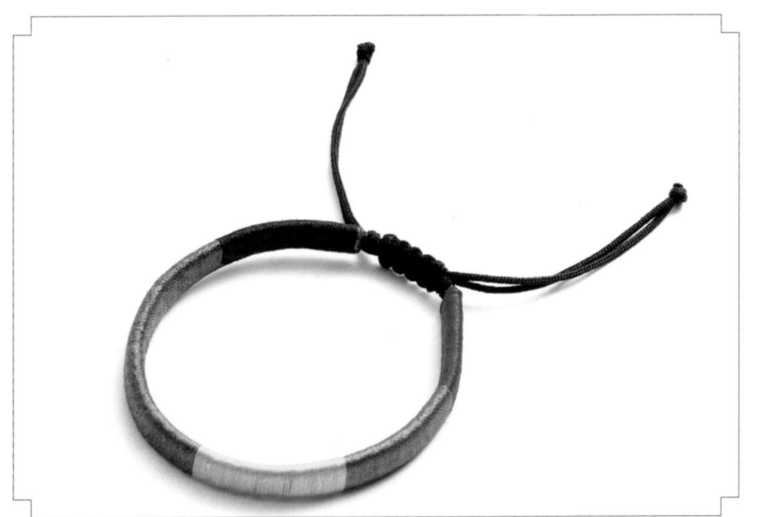

制作过程

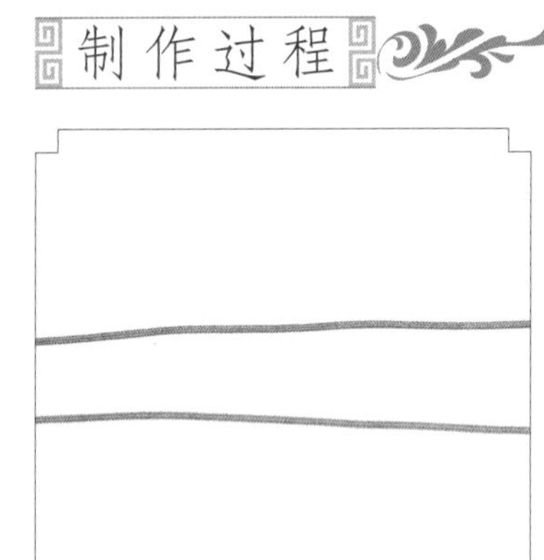

1. 如左图，准备一条或两条绳线。

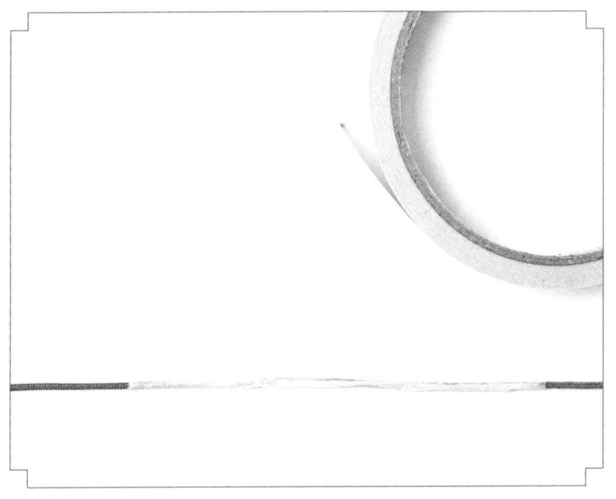

2. 剪取一段适当长度的双面胶，将双面胶粘在这条绳线的外面。

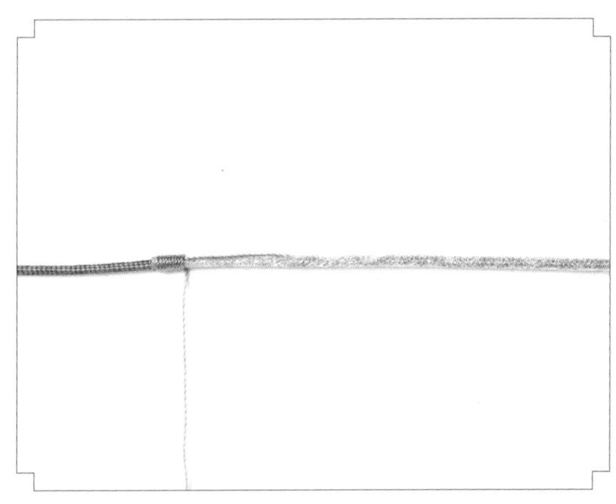

3. 另外取一段股线，粘在双面胶的外面，以绳为中心线反复绕圈。

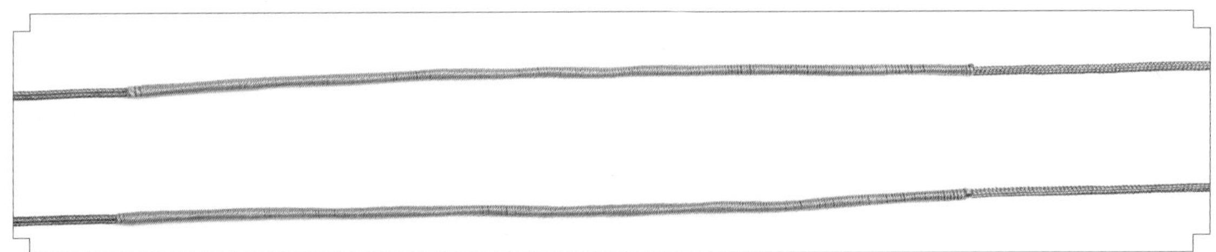

4. 绕至所需长度即可。

粗线绕法

制作过程

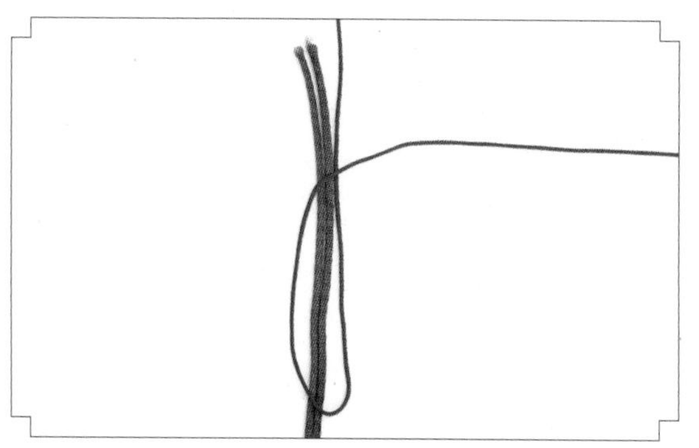

1. 以一条或数条绳为中心线，取一条细线对折，放在中心线的上方。

2. 用细线右侧的线如上图围绕中心线反复绕圈。

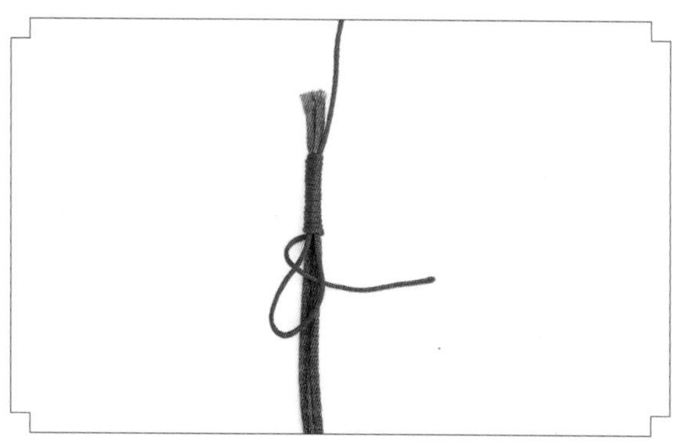

3. 用细线右侧的线如上图穿过对折端留出的小圈。

4. 轻轻拉动细线左侧的线，将细线右侧的线拖入圈中固定。

5. 最后剪掉细线两端多余的线头，用打火机将线头略烧后按压即可。

线圈

线圈象征团团圆圆、和和美美，常用于结与饰物之间的连接，或用在项链、手链、挂饰上面作装饰。

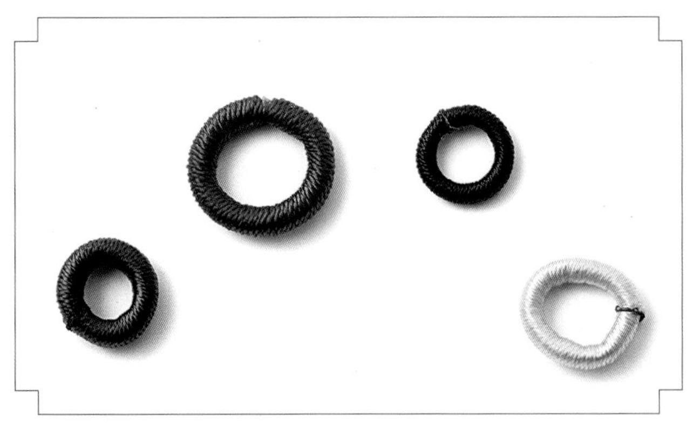

制作过程

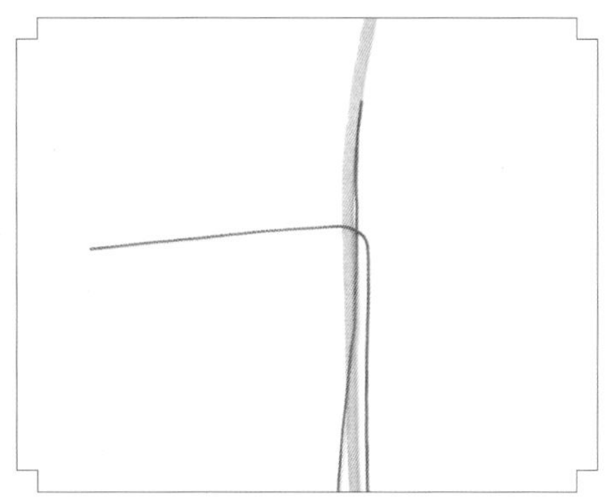

1. 将一段细线折成一长一短，放在一条丝线的上面。

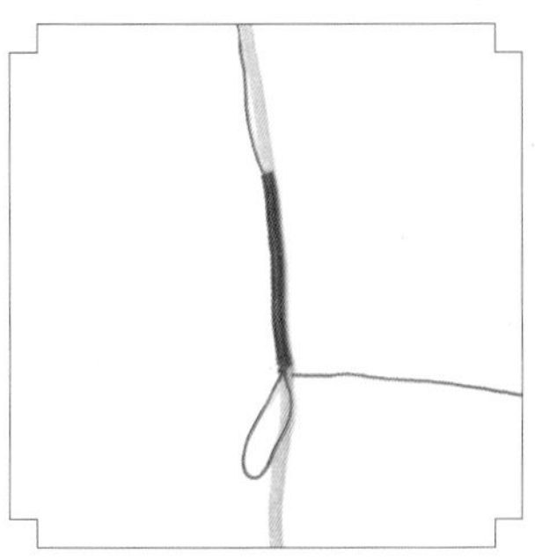

2. 用较长的一段线缠绕丝线数圈。

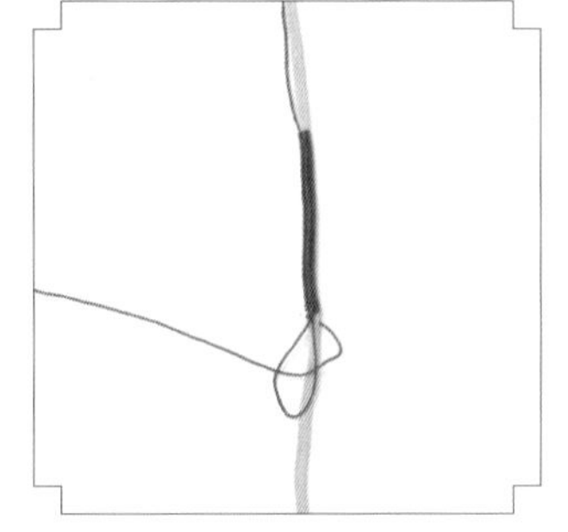

3. 绕到合适的宽度时，用较长的线段如图穿过线圈。

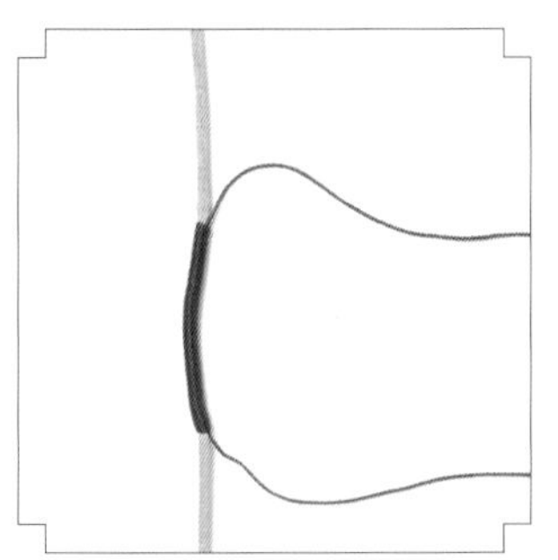

4. 向上拉紧较短的线段。

5. 把多余的细线剪掉，将绕了细线的丝线用打火机或电烙铁略烫后对接起来即可。

流苏

在很多的中国结挂饰中都少不了流苏。在结饰的尾端加上流苏，会增添许多摇曳的美感，而且使结饰看起来不至于太单调。

制作过程

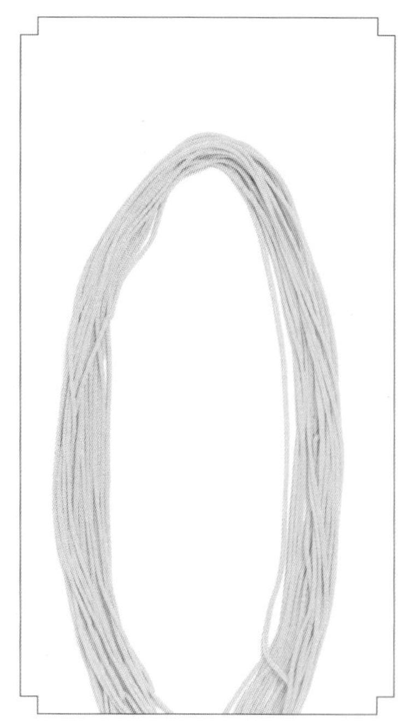

1. 准备一束流苏线。

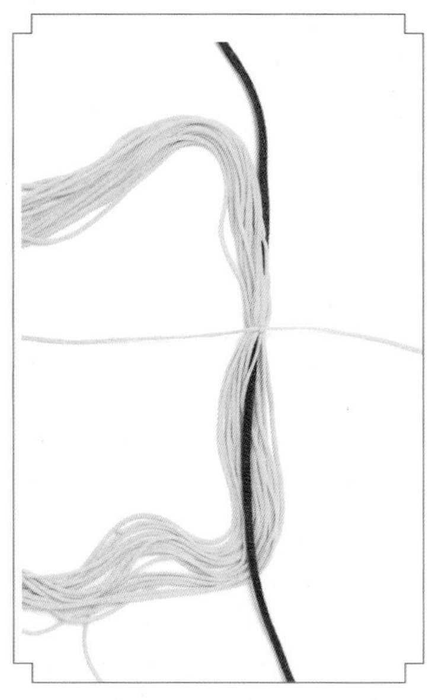

2. 用一条线在流苏线和绳线的中间位置打结。

3. 提起绳线的上端，让流苏线自然下垂。

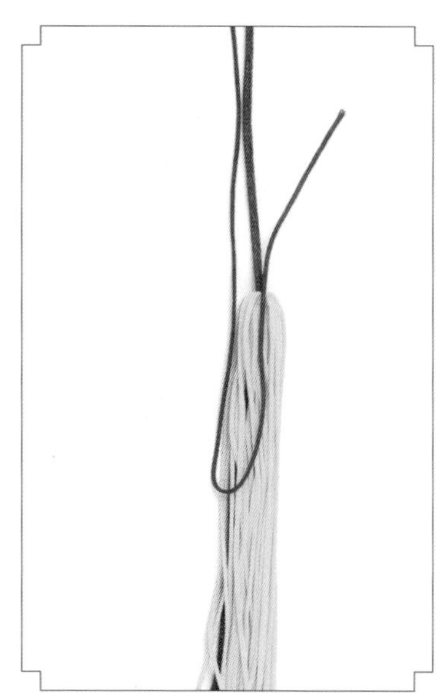

4. 另外用一条线折成一长一短两段，放在流苏线上。

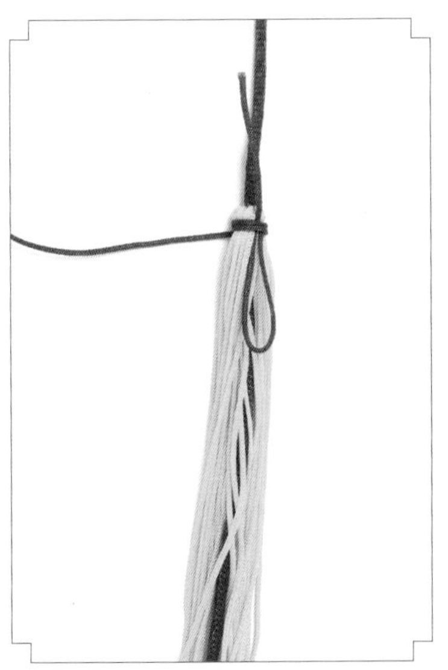

5. 用较长的一段线在流苏线的上端绕圈。

6. 线缠绕到适当的长度，然后用较长的那段线穿过对折留下的线圈。

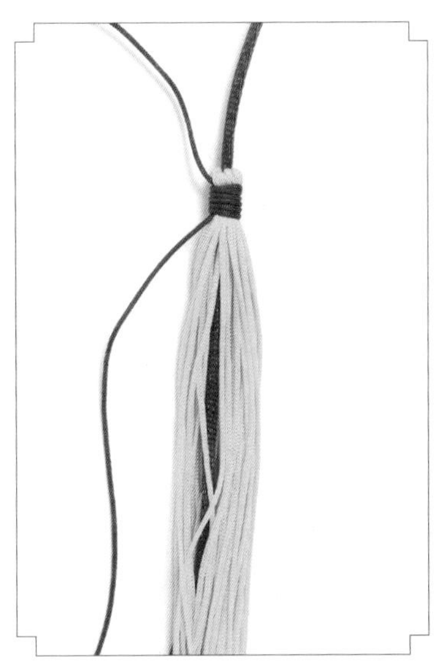

7. 将较短的一段线向上拉紧。

8. 剪掉多余的线即可。

攀缘结

攀缘结由一个能抽动的耳翼和两个并列的耳翼构成。由于能抽动的耳翼有时需攀缘于棍状或环状物上，有时需套在某一绳线或另一花结上，故称之为攀缘结。编制时注意将能抽动的耳翼固定或套住，以免脱落松散。

制作过程

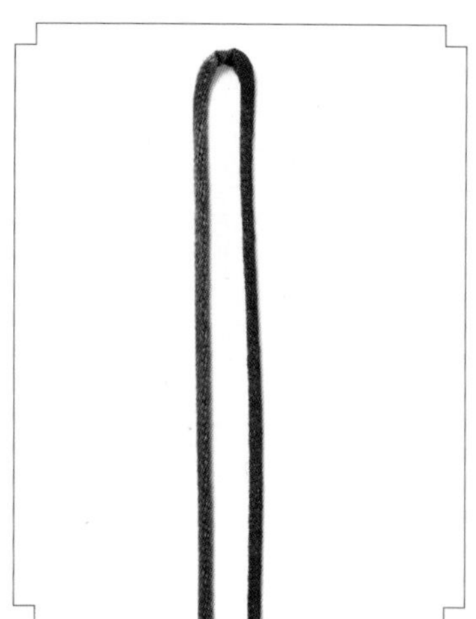

1.将红线和绿线的一头用打火机略烧后对接成一条线，如图对折。

2. 红线如图绕出圈①和圈②。

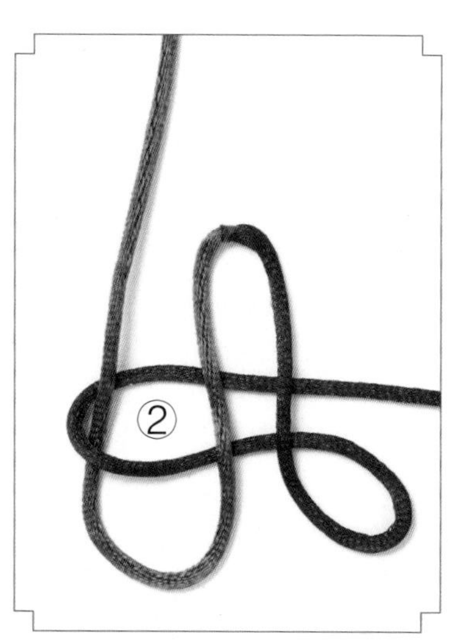

3.绿线如图向上穿入圈②。

4.绿线如图向右穿入圈①。

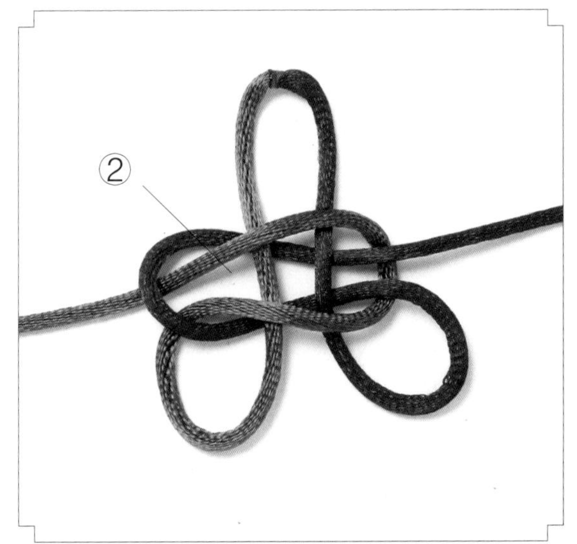

5.绿线如图穿回圈②。

6. 收紧线，调整好 3 个圈的大小即可。

太阳结

太阳结因形如太阳而得名，其走线的方法与攀缘结不尽相同，是多个攀缘结的变化与组合，常用于编项链。

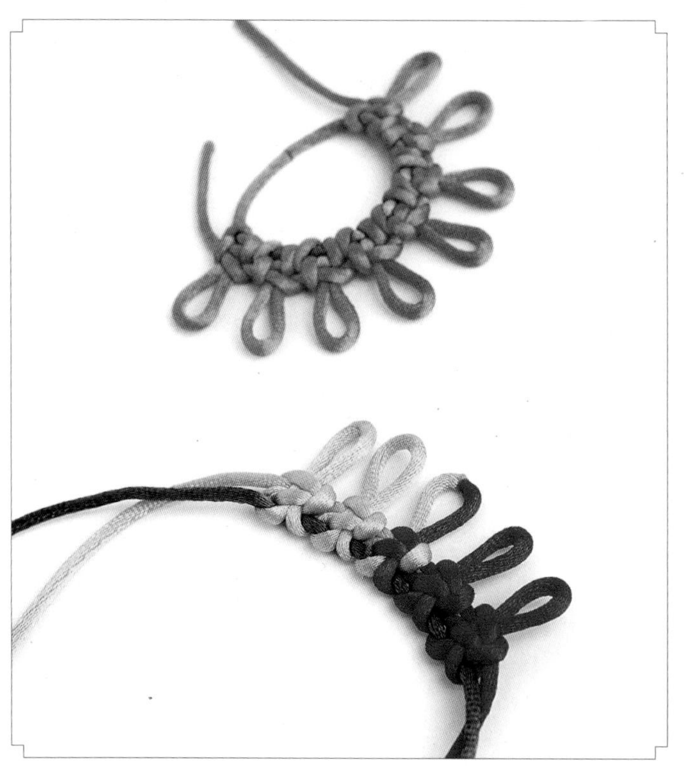

制作过程

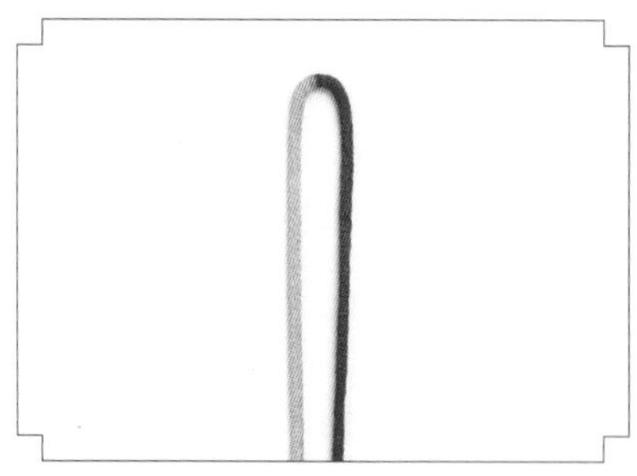

1. 将红线和黄线的一头用打火机略烧后对接成一条线，如图对折。

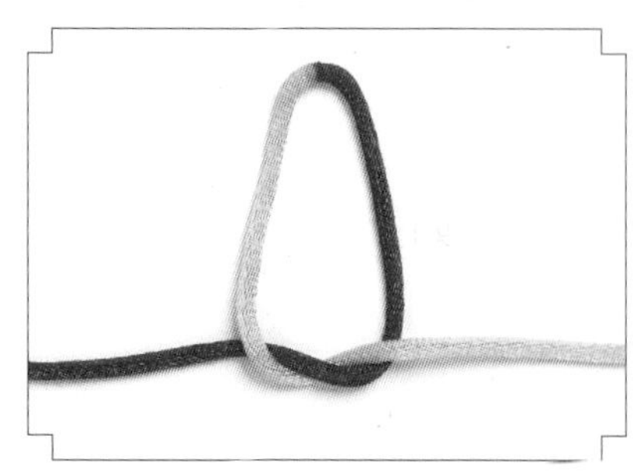

2.如图打1个单圈结。

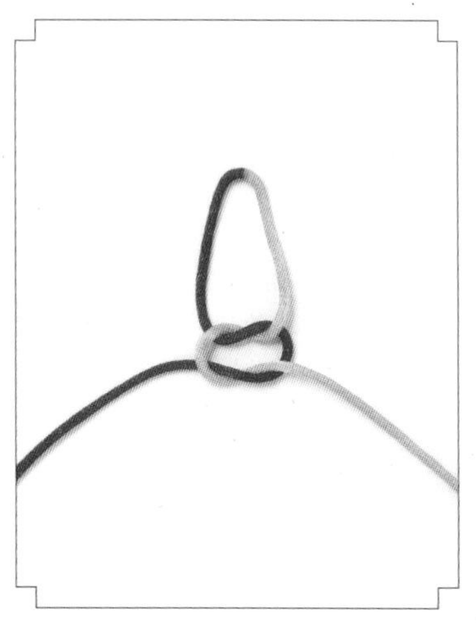

3. 如图，反方向再打 1 个单圈结。

4.在两个单圈结的上端放1条绿线。

5.如图，将被压住的线圈包住绿线对折，向下从两个单圈结中穿出来。

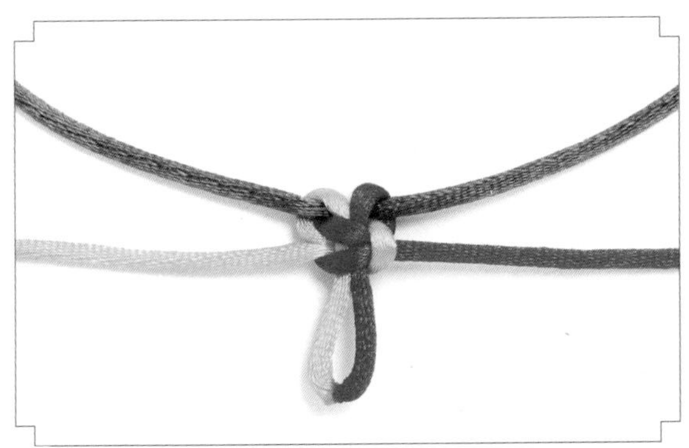

6.将对折处抽紧。

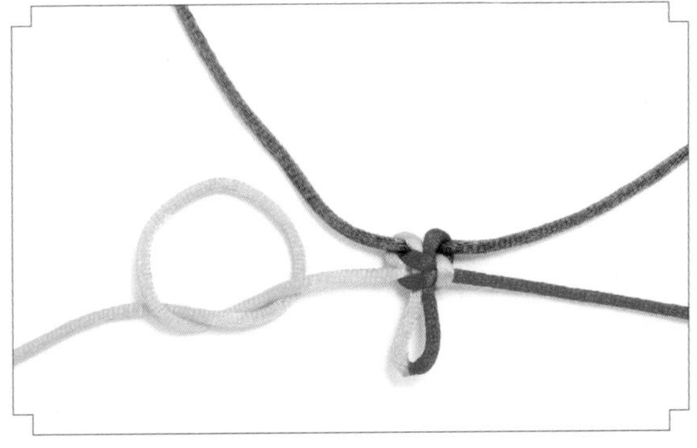

7.黄线如图打1个单圈结。

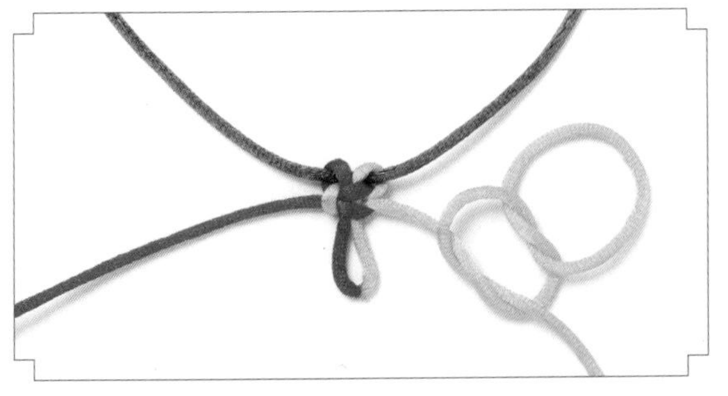

8. 黄线如图再反向打 1 个单圈结。

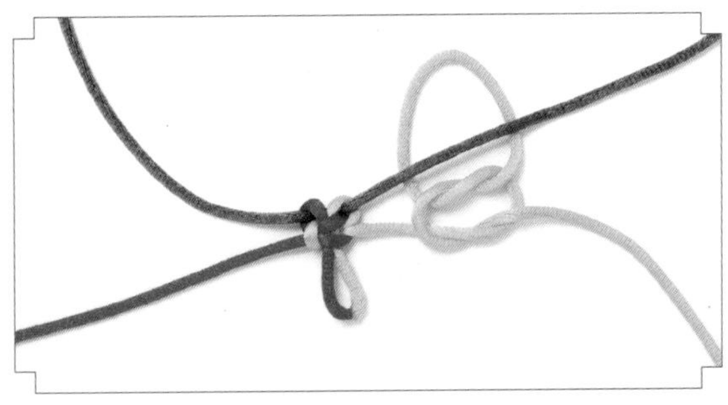

9. 把绿线压在第一个单圈结的上面。

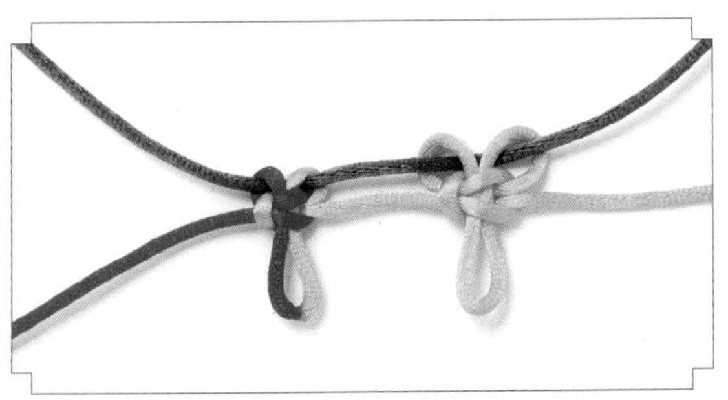

10. 仿照步骤 5 的做法再做 1 次。

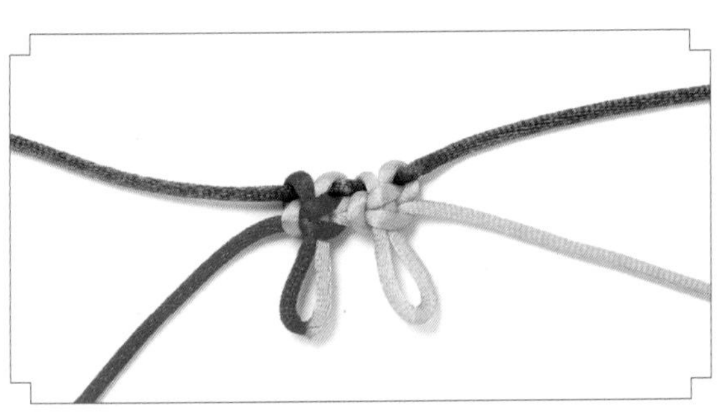

11. 收紧线，调整好结形。

12. 重复前面的做法连续编结即可。

斜卷结

斜卷结是一种很基础、变化多样的结，可以变化、组合出很多种造型别致的结体，如各种手链、腰带、项链等。编斜卷结时以一线作轴，另一线打斜卷，每编两次就换另一条线再编斜卷，只要变化轴线或方向就可以编出不同形状的结体。

左斜卷结

编左斜卷结时左手拿中心线，右手拿另外一根线，绕一圈后往右拉。其外观看上去与右斜卷结很相似，其作用在于与右斜卷结配合，交替变换，从而编出各种不同形状的结体。

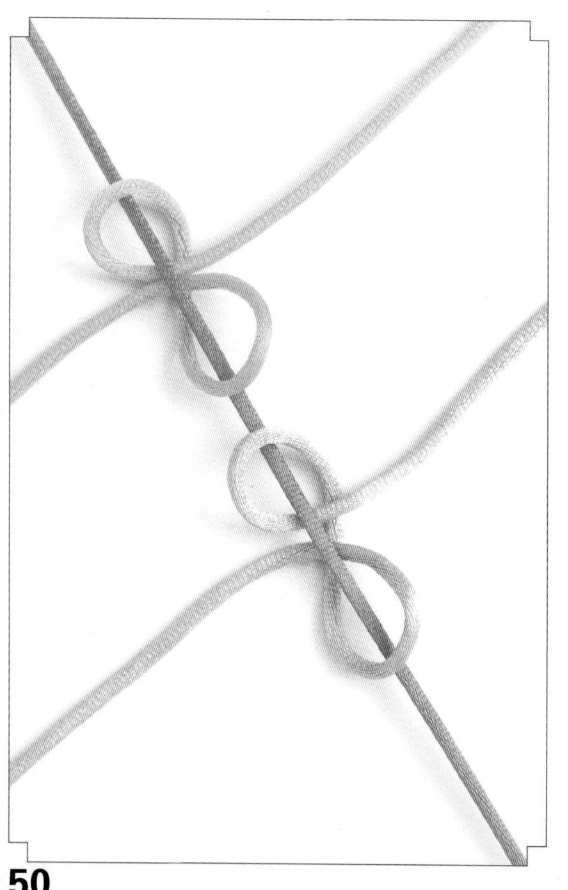

制作过程

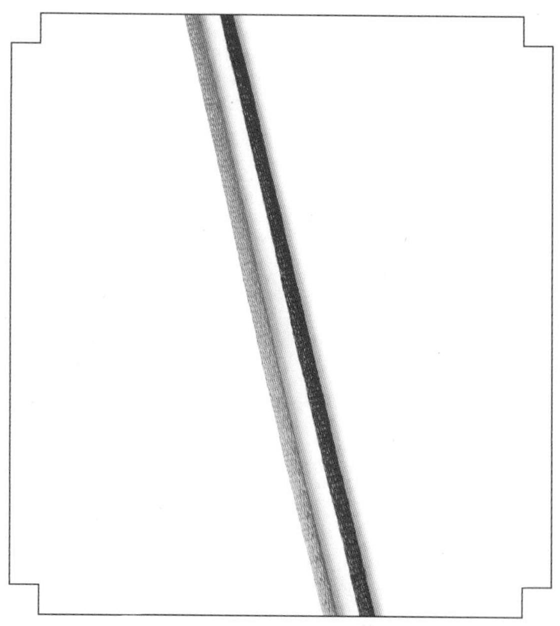

1. 如上图，准备两条线。

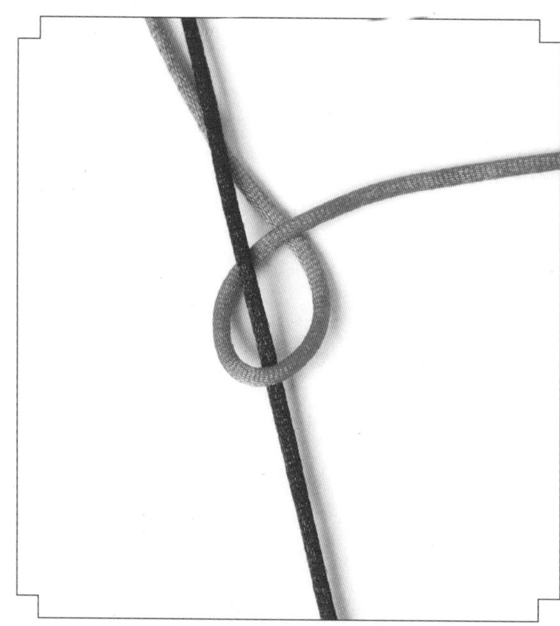

2. 橘线以红线为中心线，如上图在中心线的上面绕一个圈。

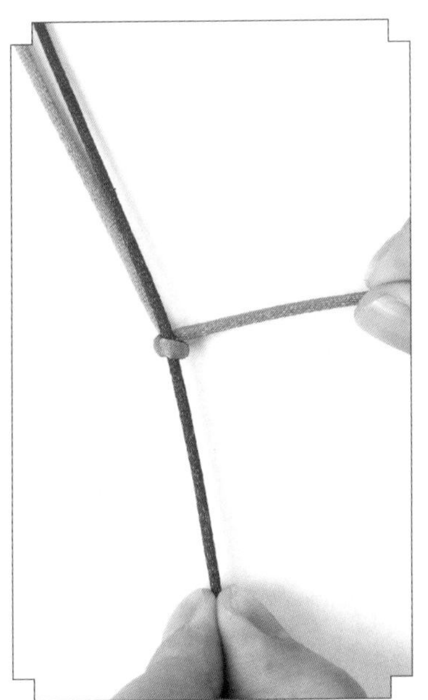

3. 拉紧两条线。

4. 如上图，橘线在中心线的上面再绕一个圈。

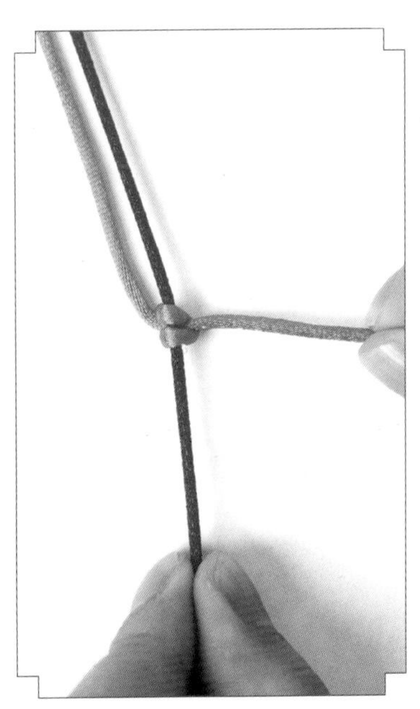

5. 再次拉紧两端，一个左斜卷结就完成了。

在中心线的上面再加一条线的方法

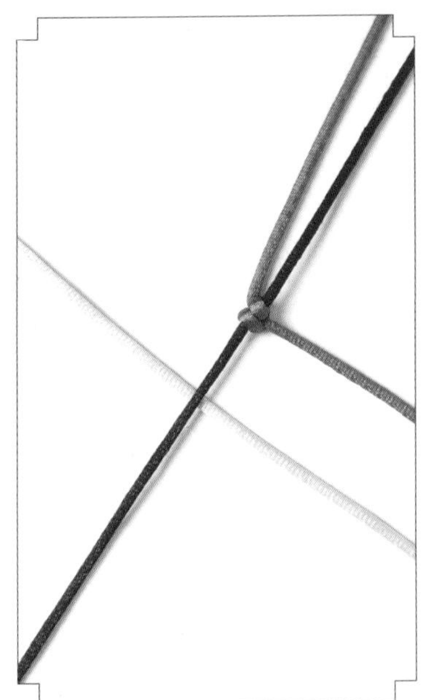

1. 如上图取一条粉线放在红色线（中心线）的下面。

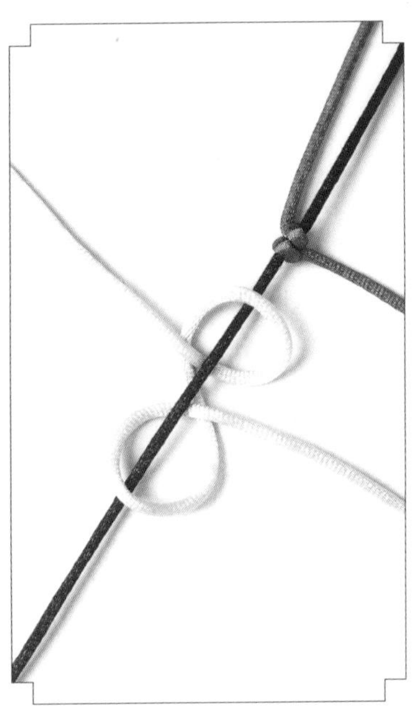

2.用粉线依照前面步骤2~5的方法编一个斜卷结。

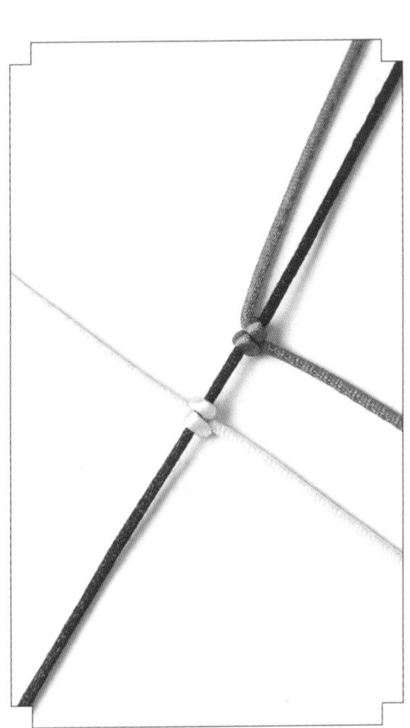

3. 拉紧粉线的两端即可。

右斜卷结

编右斜卷结时右手拿中心线，左手拿另外一根线，绕一圈后往左拉。其外观看上去与左斜卷结很相似，其作用在于与左斜卷结配合，交替变换，从而编出各种不同形状的结体。

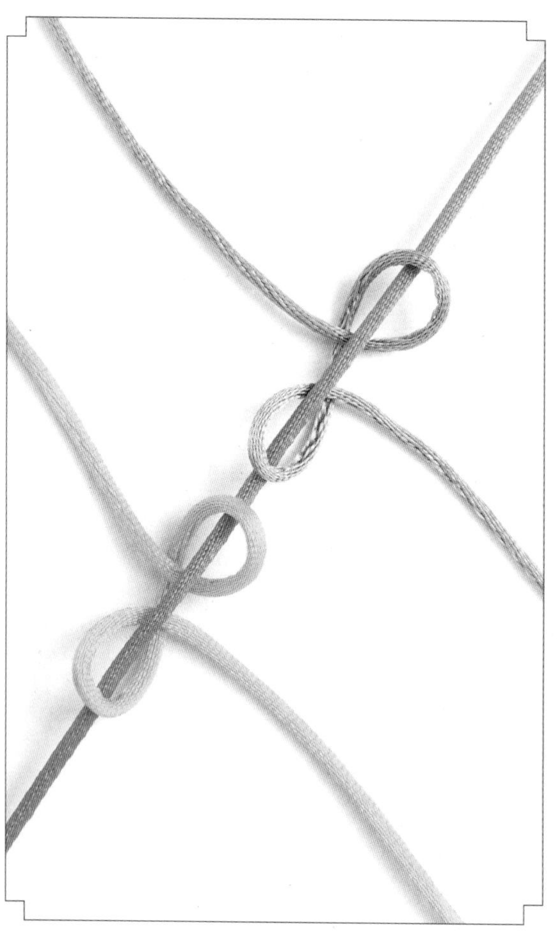

制作过程

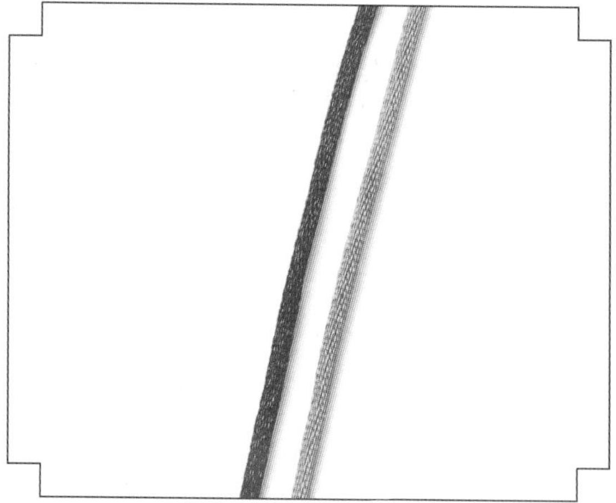

1. 如上图，准备两条线。

2. 橘线以红色线为中心线，如图在中心线的上面绕一个圈。（注意：以左手拿绕线，右手拿中心线的方式编结。）

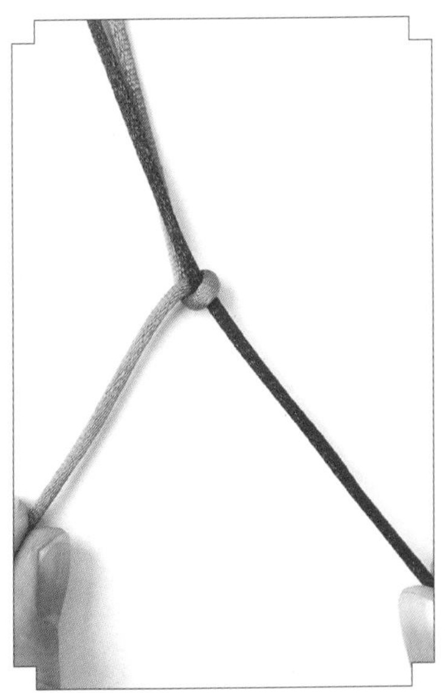

3. 拉紧两条线。

4. 如上图，橘线在中心线的上面再绕一个圈。

5. 拉紧两端。

在中心线的上面再加一条线的方法

1. 如图，取一条粉线放在红色线（中心线）的下面。

2. 用粉线在中心线的上面编一个斜卷结。

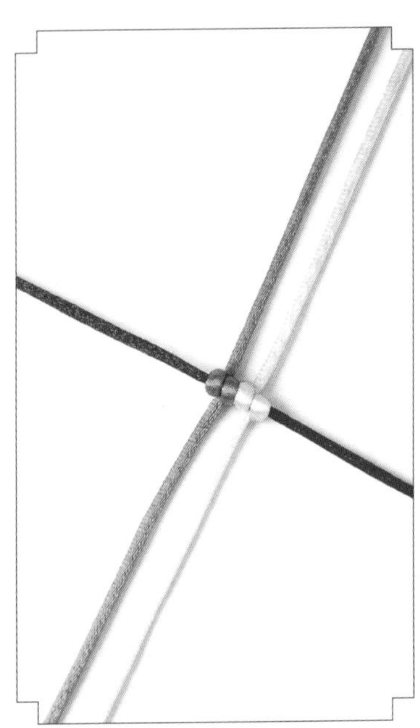

3. 拉紧粉线的两端即可。

绶带结

绶带结在古时的铜镜纹饰中常出现。它的结体正面呈“十”字形，寓意福、禄、寿三星高照，官运亨通，长长久久，常用于手链的编制。若绶带结采用单线来编，则编出来的外形与十字结有点相似，不同的是绶带结两侧有耳翼，而十字结则无耳翼。

制作过程

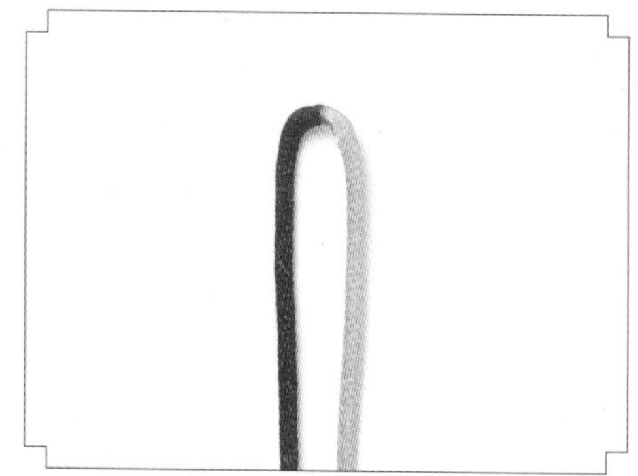

1. 将红色线和黄线的一头用打火机略烧后对接成一条线，如图对折。

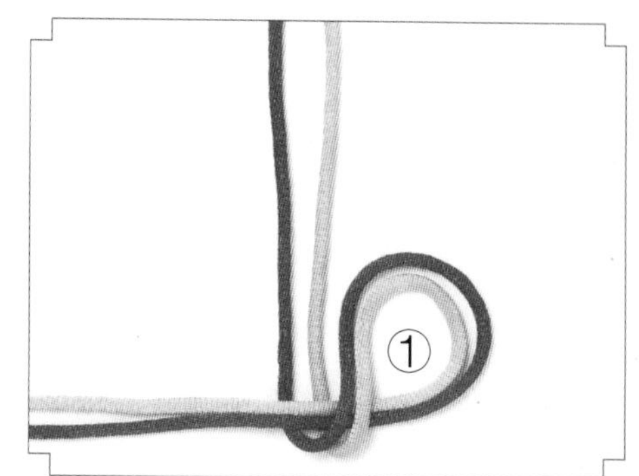

2. 线如图在右边绕出圈①。

3. 线如图在左边绕出圈②，然后穿过圈①。

4. 将线拉向左边。

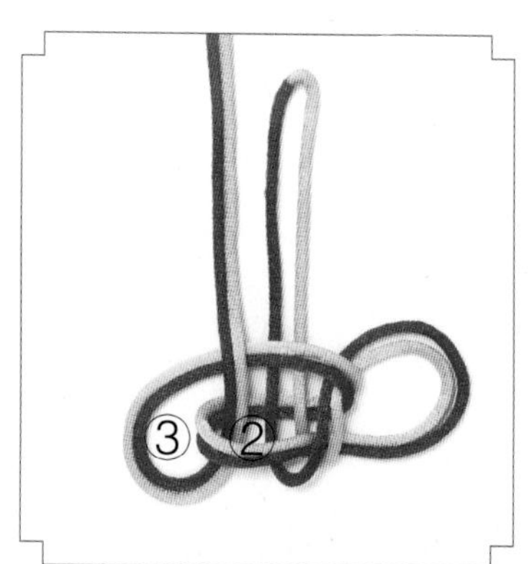

5. 如图绕出圈③，然后穿过圈②。

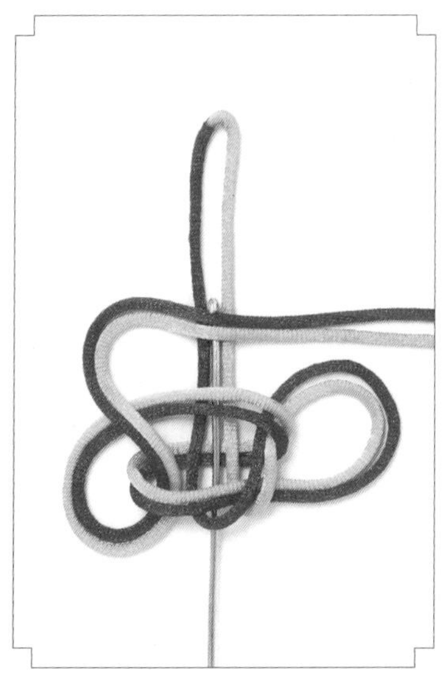

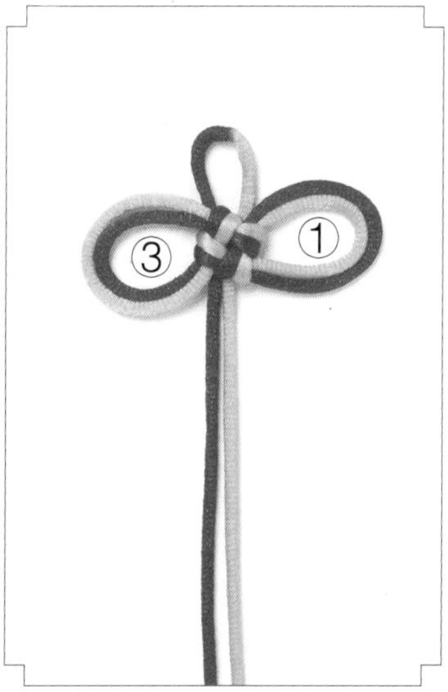

6. 用钩针如图做挑、压，从中间伸过去，钩住两条线。

7. 把线从中间的洞拉向下。

8. 分别向两侧拉出圈①和圈③作耳翼，收紧线，调整成形。

双钱结

该结形似两个中国古钱相连，故名双钱结。钱在中国不只代表货币，还是吉庆的祥瑞之物，每到农历除夕，小孩子都可以领到“压岁钱”，用之除妖避邪，而古钱币上也通常铸有吉祥文字及图案。可以把数个双钱结组合起来，编制出不同的结，如五福结、六合结、十全结等，也可编制各种饰物。

双线双钱结

制作过程

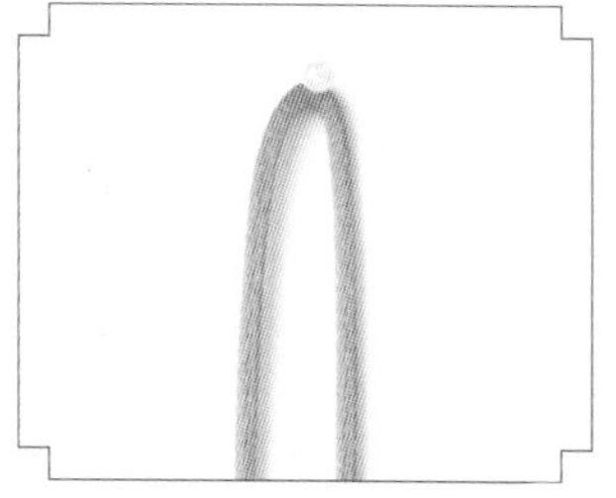

1. 如上图，准备一条线。

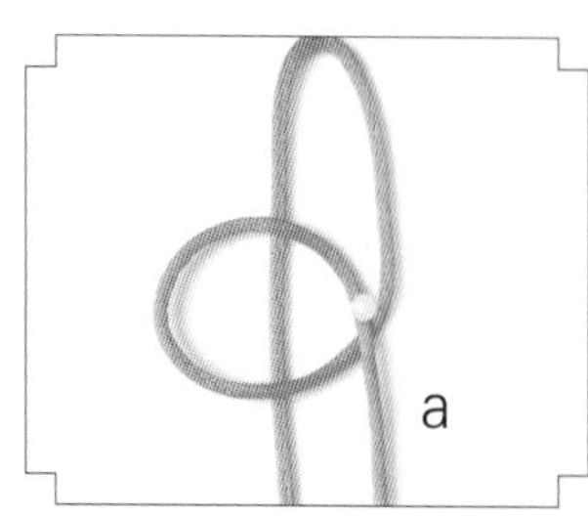

2. 如上图，用 a 线按顺时针方向绕一个圈。

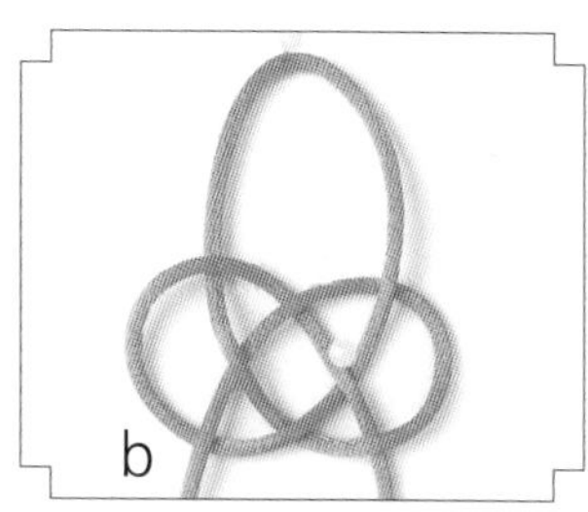

3.b 线如上图挑、压，按逆时针方向绕一个圈。

4. 拉紧左右，由此完成一个双线双钱结。

5. 用两条线依照步骤 2~4 的做法再编一个双钱结。

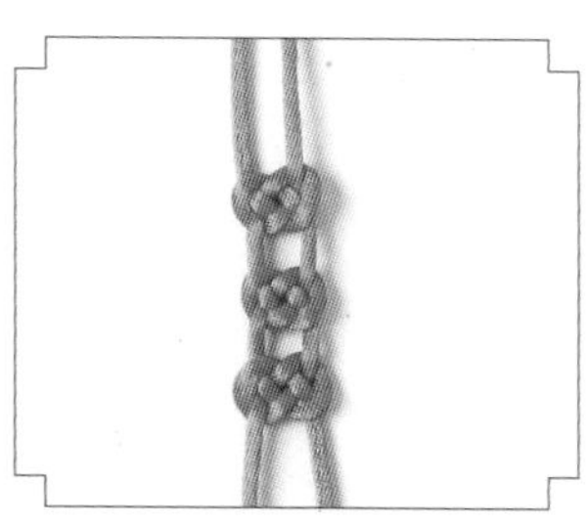

6. 重复上面的做法，可编出连续的双线双钱结。

单线双钱结

制作过程

1. 如图，准备一条线。

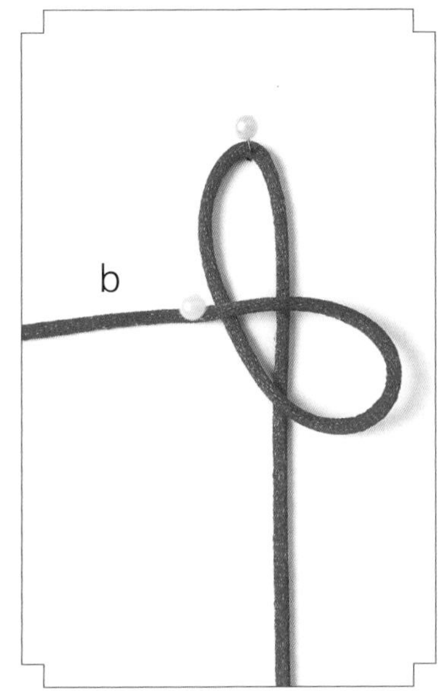

2. 用 b 线按逆时针方向绕一个圈。

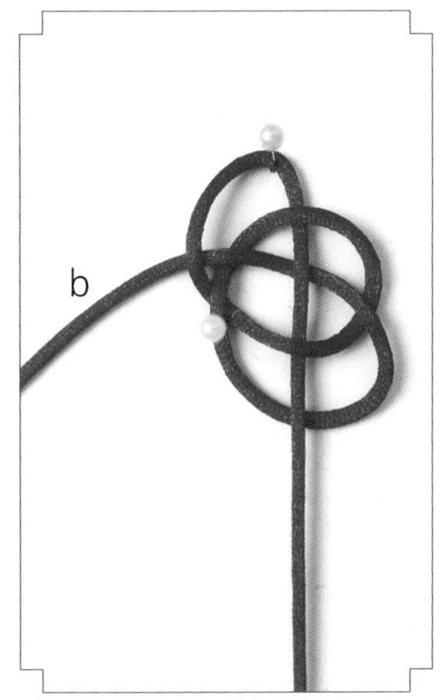

3.b线如图挑、压。

4. 将结调整好。

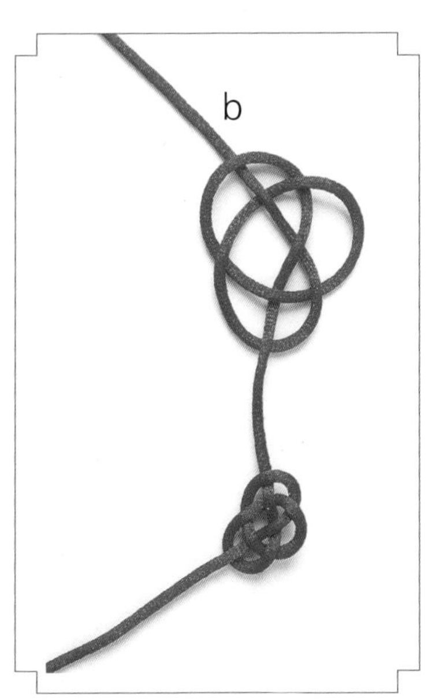

5. 用 b 线继续编一个双钱结。

6. 按同样的方法可编出连续的单线双钱结。

菠萝结

菠萝结的做法有很多种，都是由双钱结延伸变化而来，这里仅介绍两种简单的菠萝结编法。

四边菠萝结

四边菠萝结因形似菠萝而得名，由一个双线双钱结推拉而成，常用在项链上作装饰。

制作过程

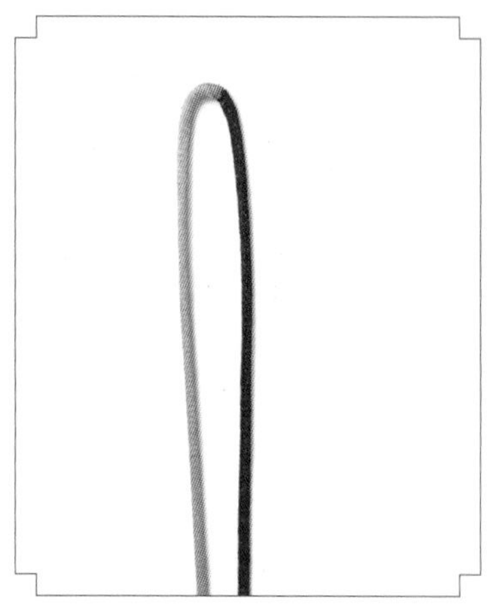

1. 将红线和黄线的一头用打火机略烧后对接成一条线，如图对折。

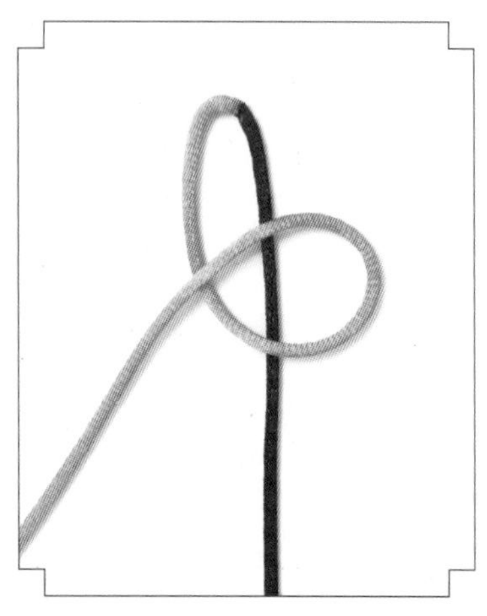

2. 将黄线以逆时针方向绕出右圈。

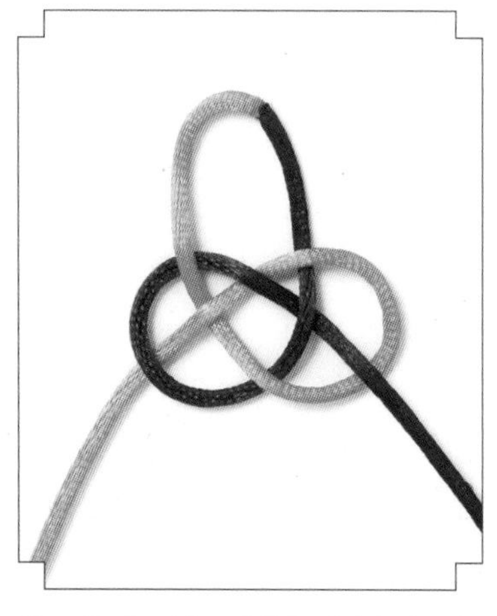

3. 将红线以顺时针方向绕出左圈，形成 1 个双钱结。

4. 用其中的 1 条线跟着原线再穿 1 次。

5.继续沿着原线穿。

6. 形成 1 个双线双钱结。

7. 把双钱结向上轻轻推拉，即可做成 1 个四边菠萝结。

六边菠萝结

六边菠萝结是由一个六边双钱结推拉而成。可在一线的基础上再加入一线或两线，这样做出来的六边菠萝结更加美观大方。

制作过程

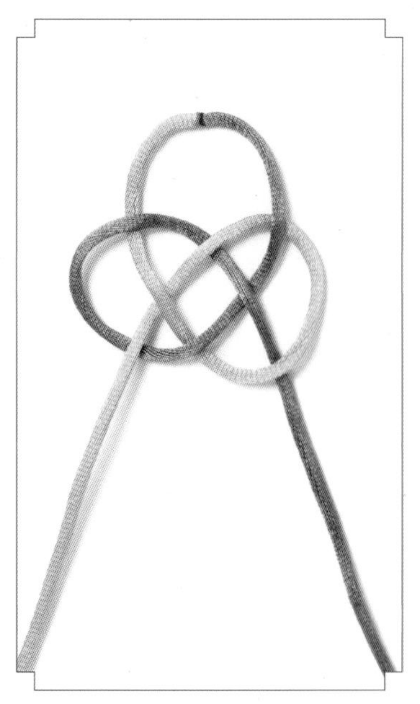

1. 先做 1 个双钱结。

2. 用其中的 1 条线如图走线。

3. 如图继续走线。

4. 继续走线，在双钱结的基础上做成1个六耳双钱结，注意线的挑、压方法。

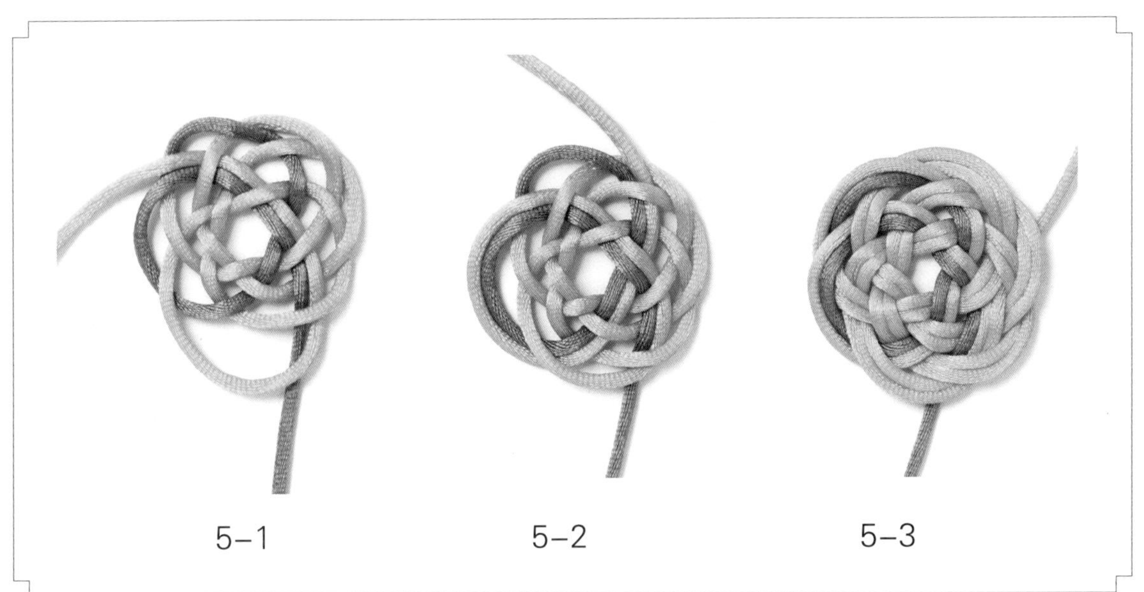

5.用其中的1条线跟着六耳双钱结的走线再走1次。

6. 将结体推拉成圆环状，即可做成1个六边菠萝结。

龟结

龟结由双钱结变化而成，形似龟背，而乌龟是长寿的象征，所以此结有健康长寿、不断累积之意。

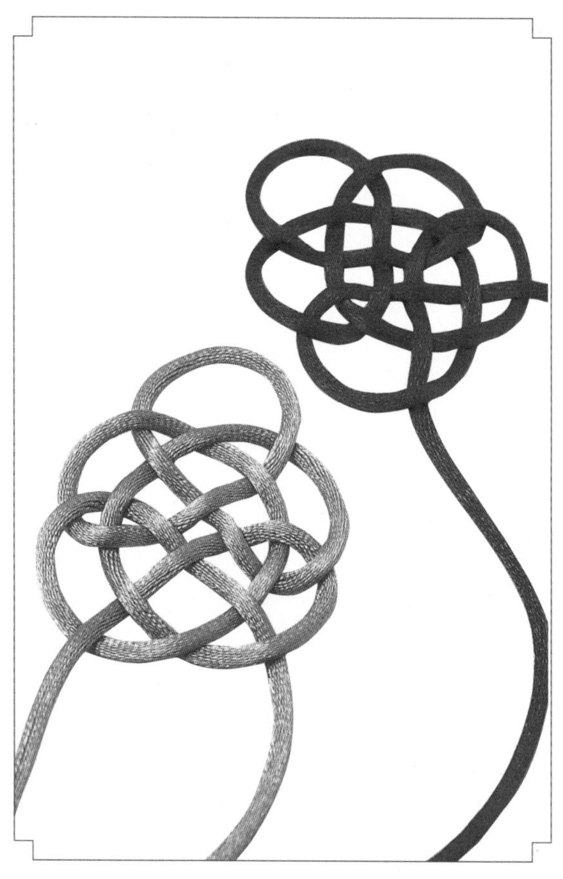

制作过程

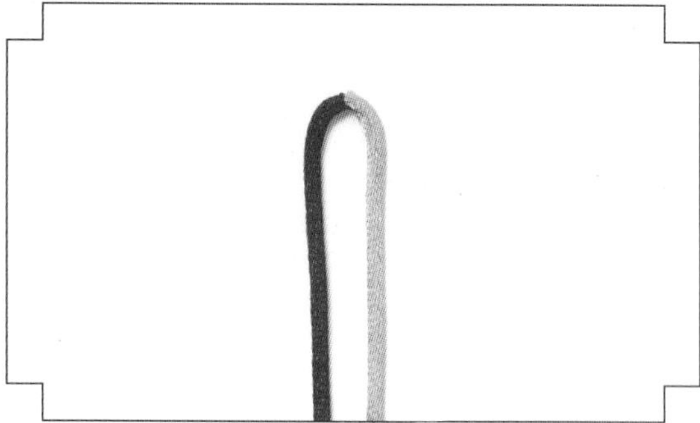

1. 将红线和黄线对接成1条线，如图对折。

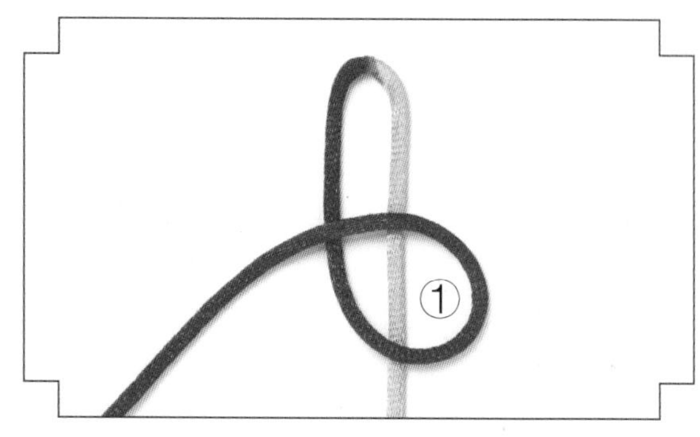

2. 红线压黄线，并按逆时针方向绕出圈①。

3. 黄线如图绕出圈②。

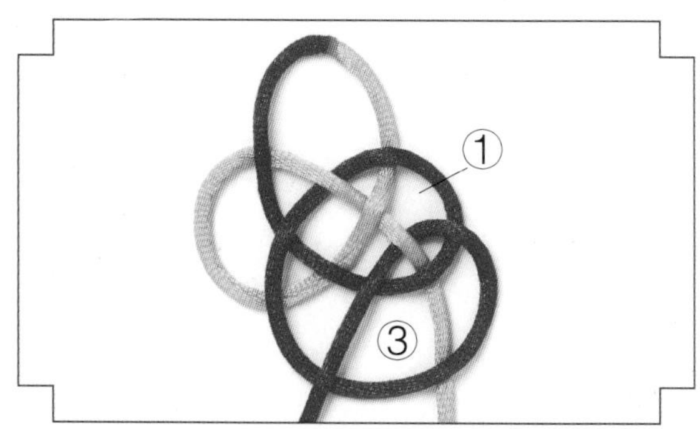

4. 红线如图做挑压，压圈①，做出圈③。

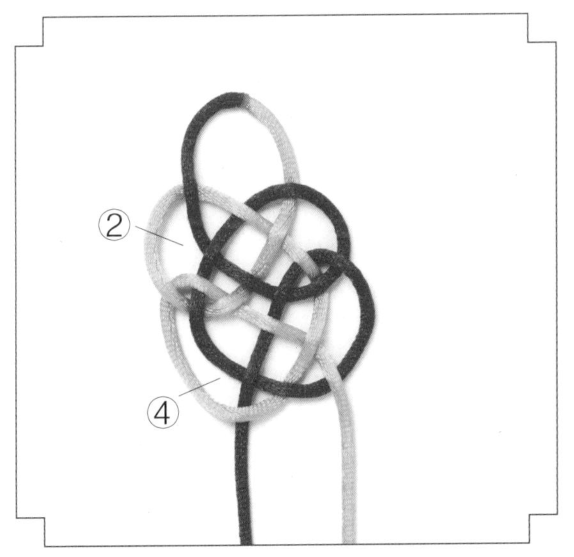

5.黄线如图做挑压，挑圈②，做出圈④。**6.**调整好结体即可。

袈裟结

架裟结因多用于僧侣挂饰而得名。袈裟结作结饰时，多用多线编织以增加色彩变化。

制作过程

1. 与龟结的做法相仿，先用红线和黄线做 1 个双钱结。

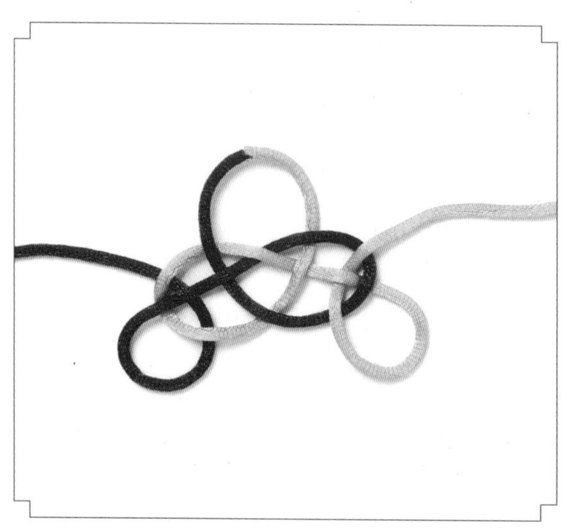

2. 红线和黄线如图在双钱结左右两个耳翼上挂圈。

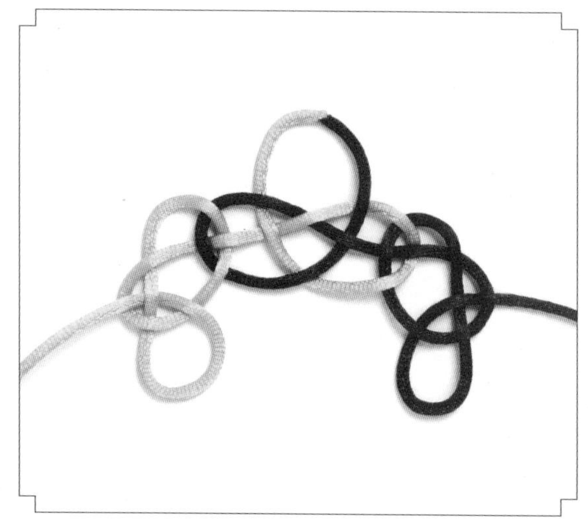

3. 红线和黄线如图分别向两边做挑压。

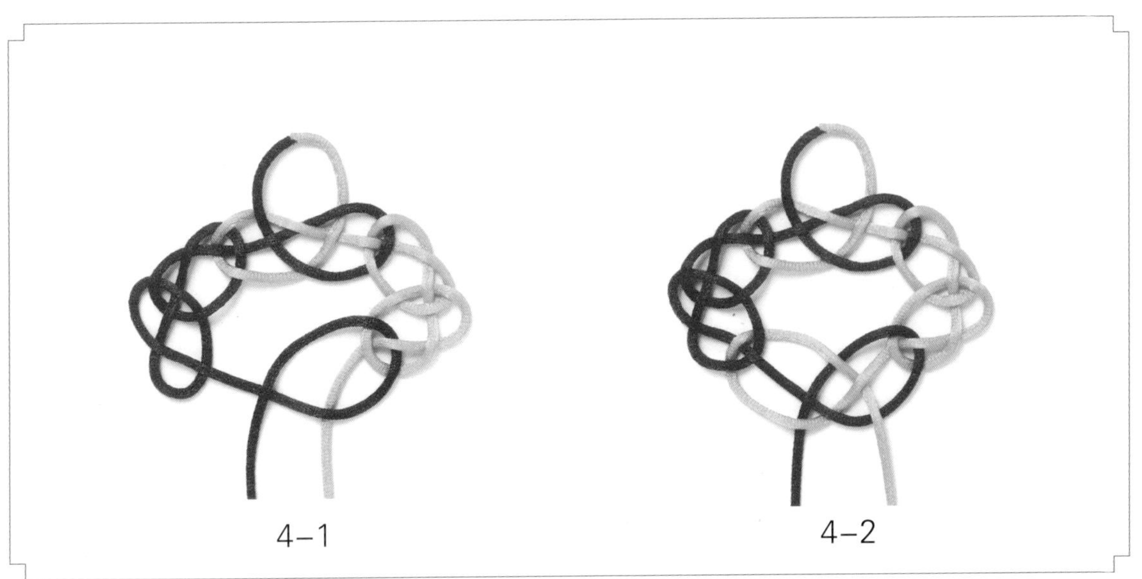

4. 红线和黄线仿照步骤 1 的做法走线，组合完成 1 个双钱结。

5. 调整好结体即可。

五福结

五福结由五个双钱结组合而成，象征五福临门、五福和合、财源滚滚。

制作过程

1. 将红线和绿线对接成一条线，然后编好第一个双钱结。

2. 红线绕向右边，在第一个双钱结的右边编第二个双钱结。

3. 红线如图走线。

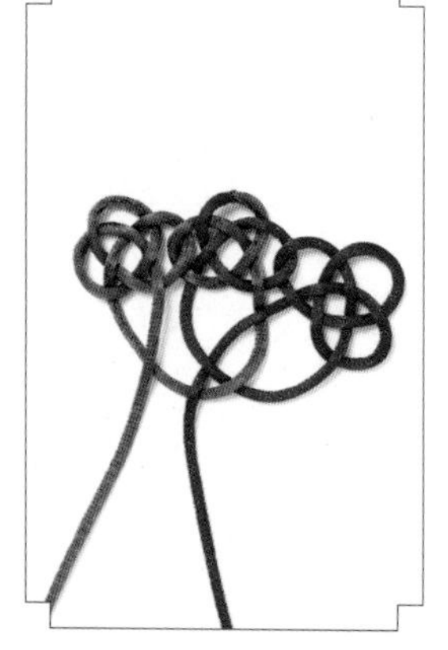

4. 绿线绕向左边，在第一个双钱结的左边编第三个双钱结。

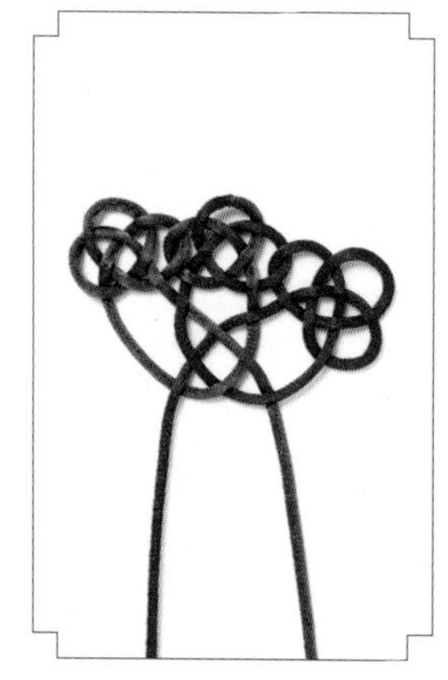

5. 绿线如图走线。

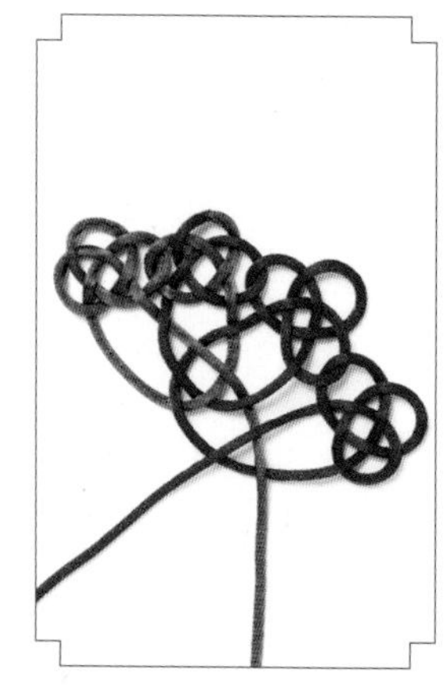

6. 红线再绕向右边，编第四个双钱结。

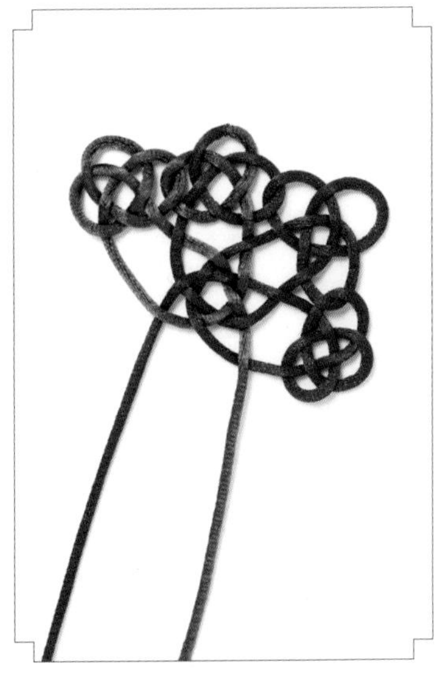

7.红线如图往中间走线。

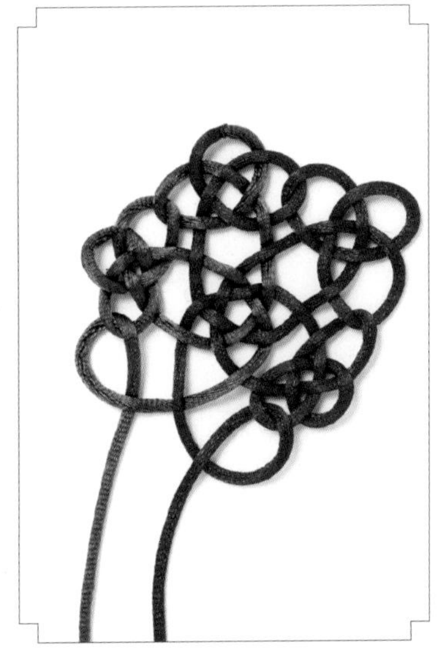

8.绿线挂在第三个双钱结的下耳翼，红线挂在第四个双钱结的下耳翼。

9. 用红线和绿线组合，完成第五个双钱结。

10. 剪掉多余的线，用打火机将线头略烧后对接起来即可。

六合结

六合结由六个双钱结组合而成，象征天、地、四方，有六合同春的寓意。

1. 仿照五福结的方法编三个双钱结。

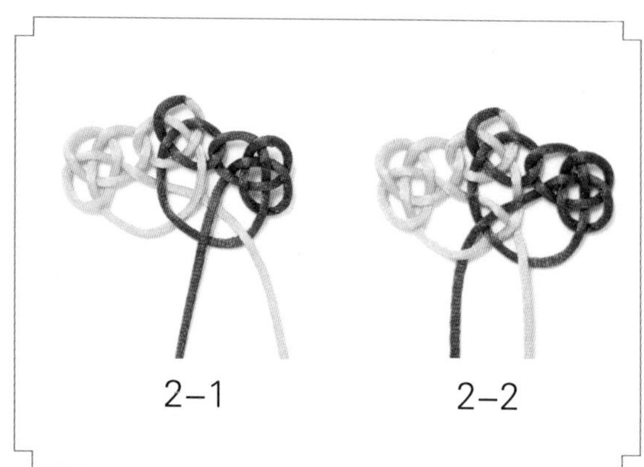

2. 棕线和黄线如图走线。

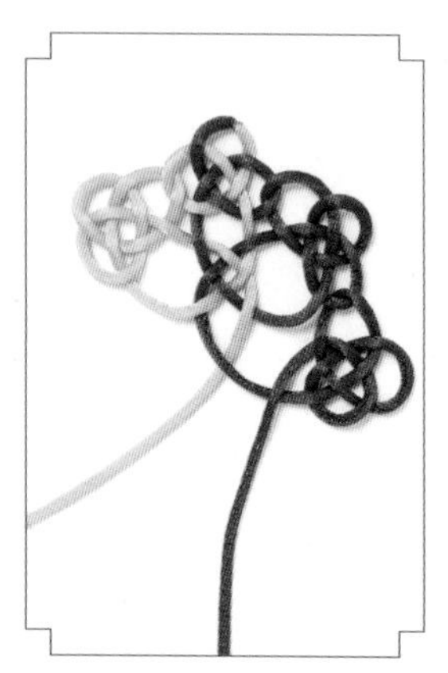

3. 如图用棕线在右边编第四个双钱结。

4. 用黄线在左边编第五个双钱结。

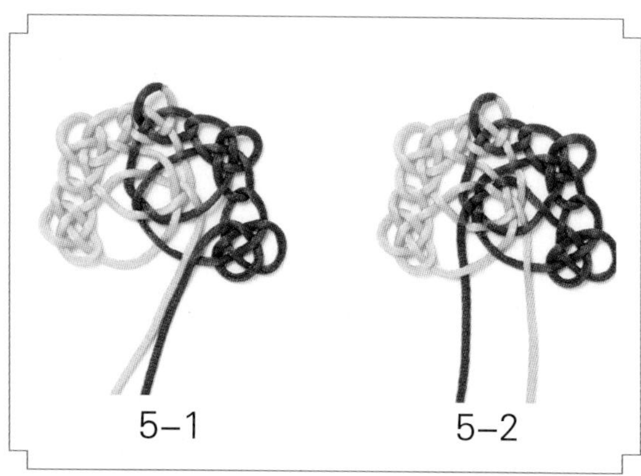

5. 棕线和黄线如图在中间走线。

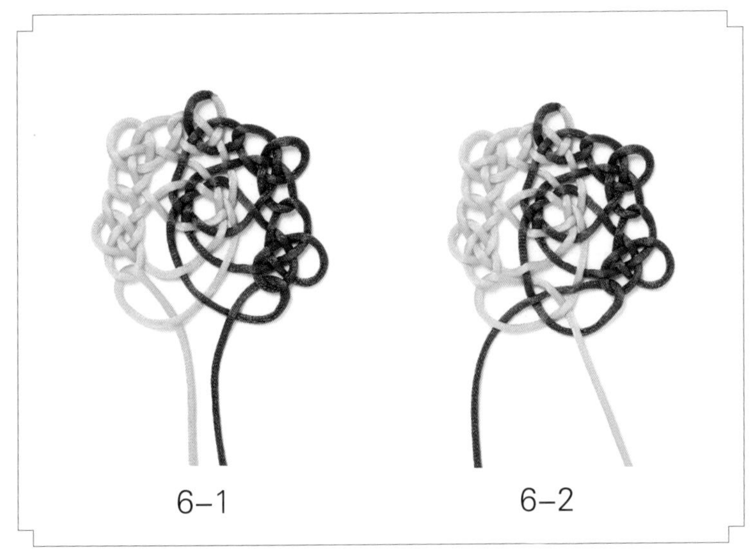
6-1　　6-2

6. 两线分别钩住第四、第五个双钱结的下耳翼，组合完成第六个双钱结。

7.调整好结体，最后把多余的线剪掉，并用打火机把两线对接起来即可。

十全结

十全结由五个双钱结组合而成。古时称“钱”为“泉”，用十个铜钱组合而成的图案，是一种象征着富贵的吉祥图案，而“泉”与“全”同音，所以十全结成了大富大贵、十全十美的象征。

制作过程

1. 用对接后的红线和绿线编第一个双钱结。

2. 红线在第一个双钱结的右边编第二个双钱结。

3. 绿线在第一个双钱结的左边编第三个双钱结。

4. 红线和绿线如图在中间走线。

5. 红线和绿线继续在中间走线，编好中间的双钱结（即第四个双钱结）。

6. 两条线如图分别向下穿过两边双钱结的下耳翼。

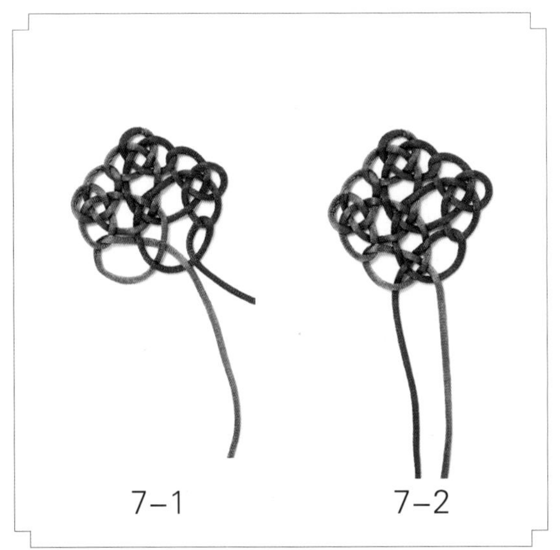

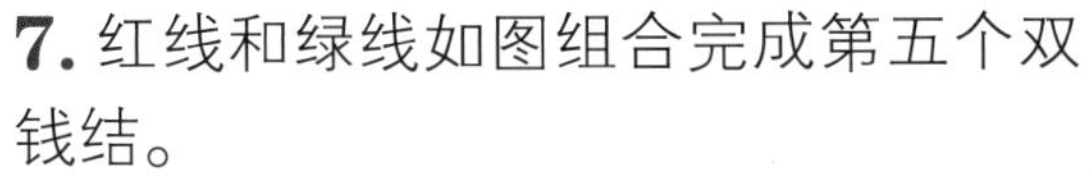

7. 红线和绿线如图组合完成第五个双钱结。

8. 调整好结体。

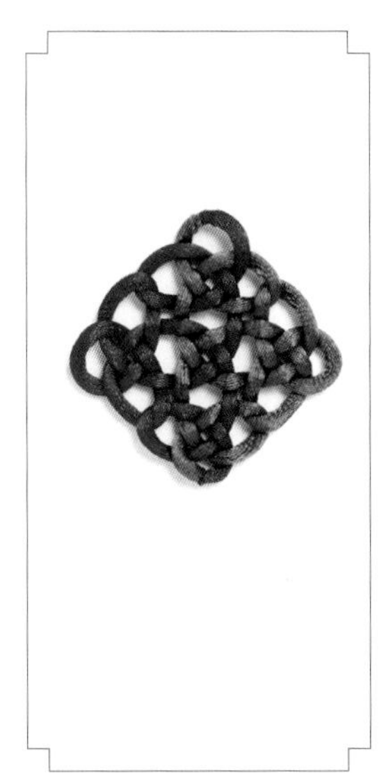

9. 剪掉多余的线，并用打火机将两线对接起来即可。

发簪结

发簪结结形美观大方，常加入多线，用于编制发饰、手链等。

制作过程

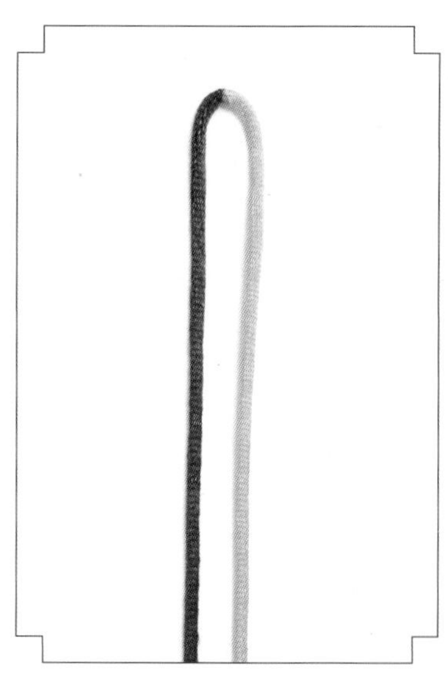

1. 用打火机将棕线和黄线对接成一条线，如图对折。

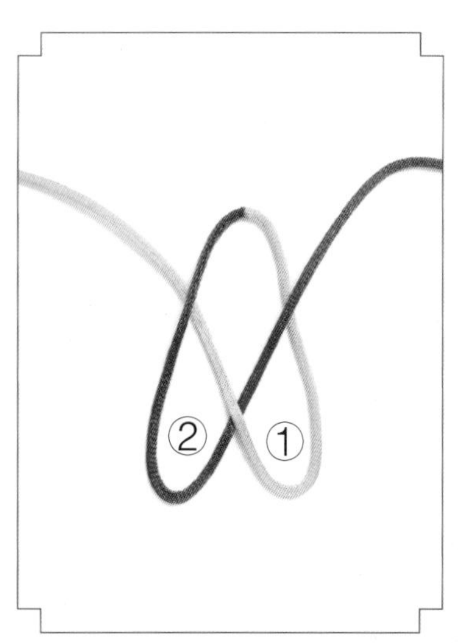

2. 用棕线和黄线如图分别绕出圈①和圈②。

3. 把圈①和圈②分别向右翻转。

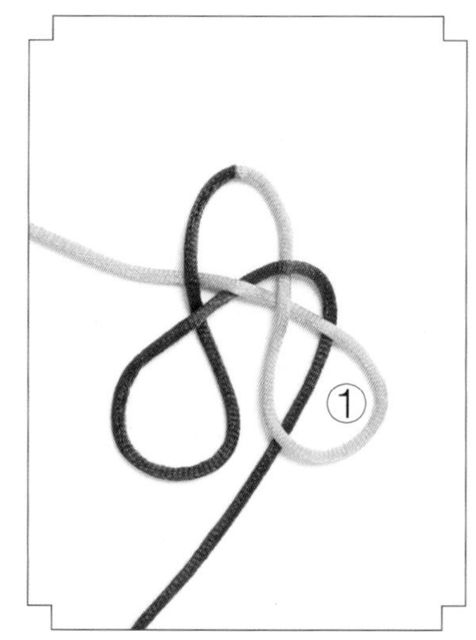

4. 棕线往下绕，从圈①的下方穿过。

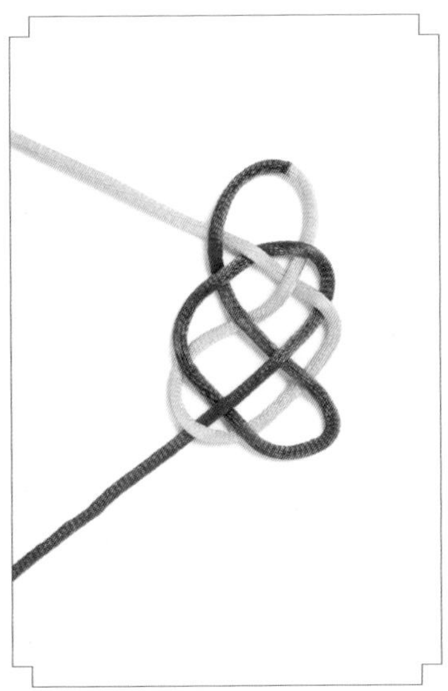

5. 圈②如图向左压、挑、压，从圈①的上方穿过。

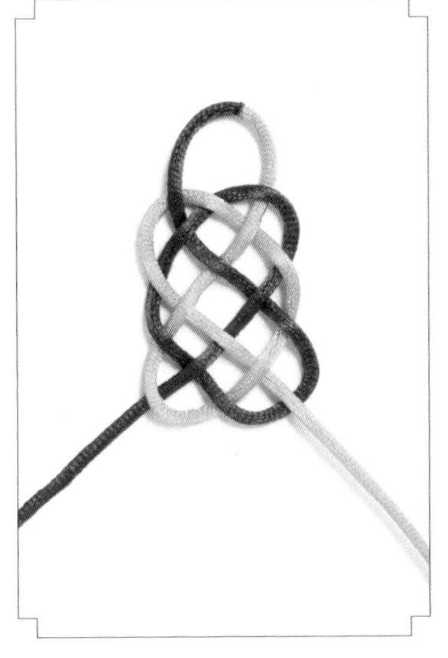

6. 黄色线向下压、挑、压、挑、压，如图走线。

7. 调整结形，剪去多余的棕线和黄线，并用打火机将两线对接起来即可。

网结

网结的结体形状似网，常用来编织杯垫或宽一些的腰带。

制作过程

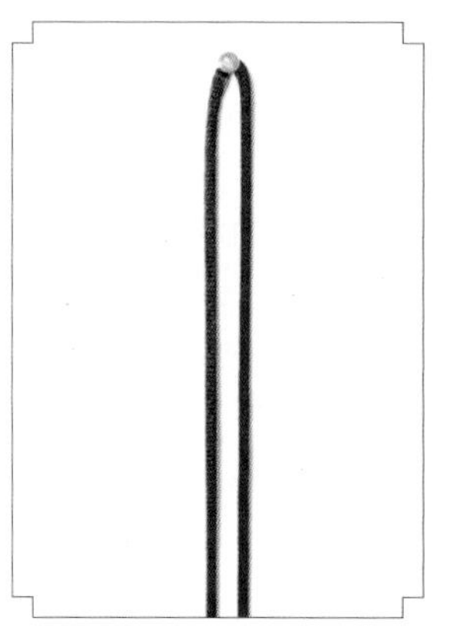

1.用打火机将红线和绿线对接成一条线，如图对折。

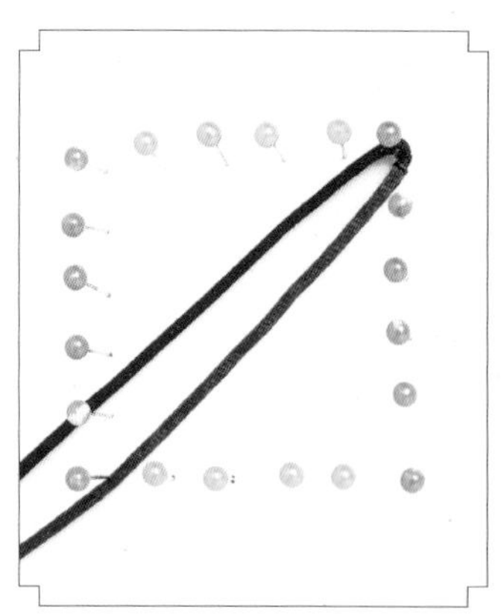

2.将大头针插出如图的方形，将线如图摆放。

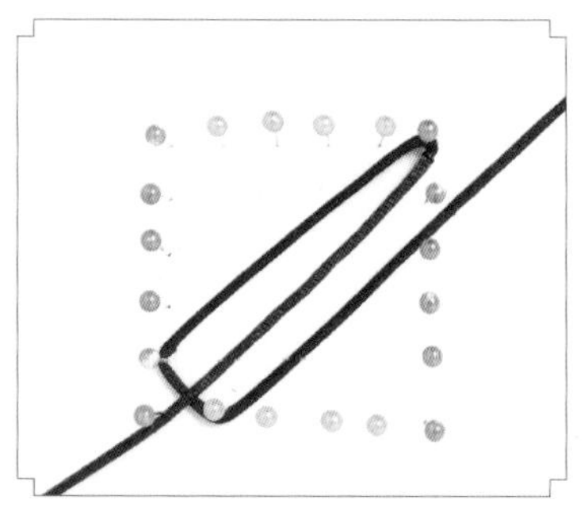

3.红线如图以逆时针方向绕出第一个长方形，短边如图从绿线下穿过。

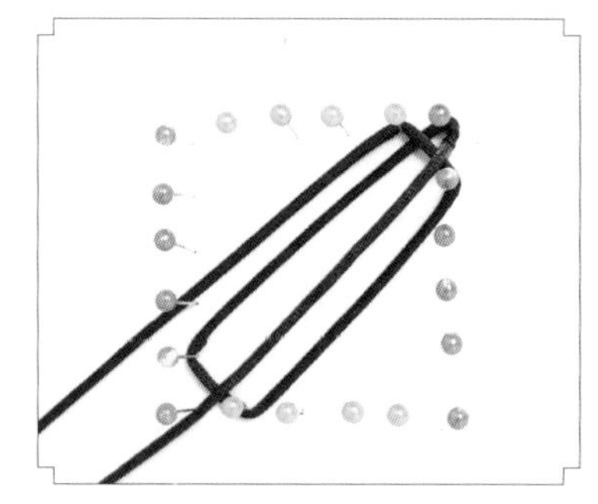

4.红线如图走线。

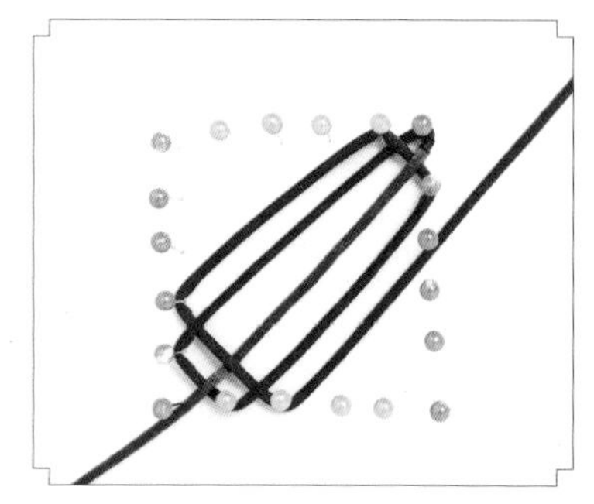

5.红线如图绕出第二个长方形，注意线的挑、压层次。

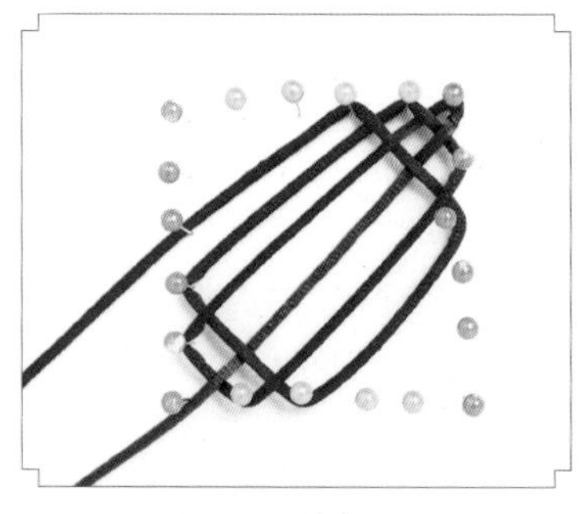

6.红线如图继续走线。

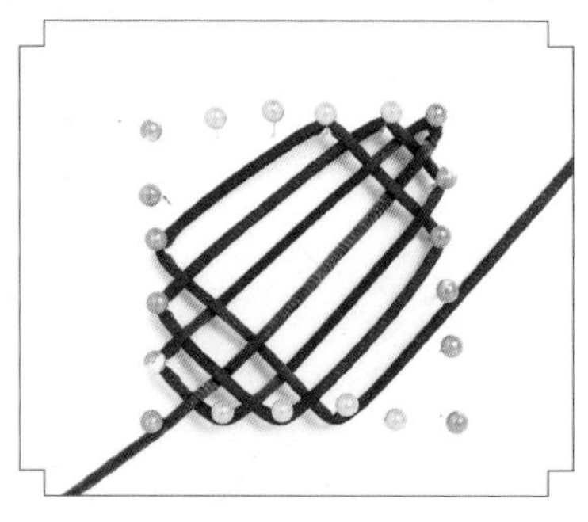

7.仿照前面的方法，用红线绕出第三个长方形。

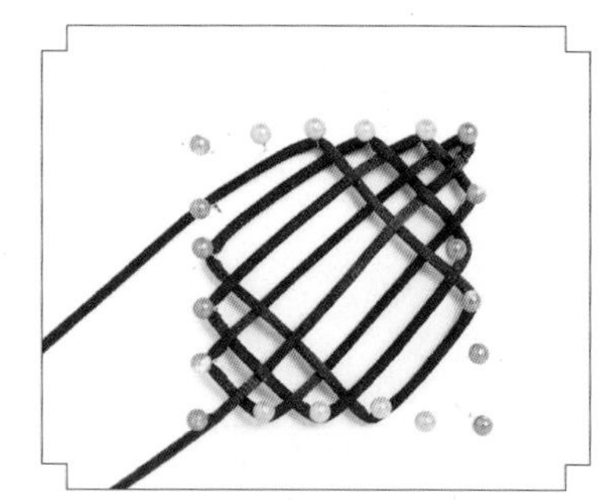

8.红线如图继续走线。

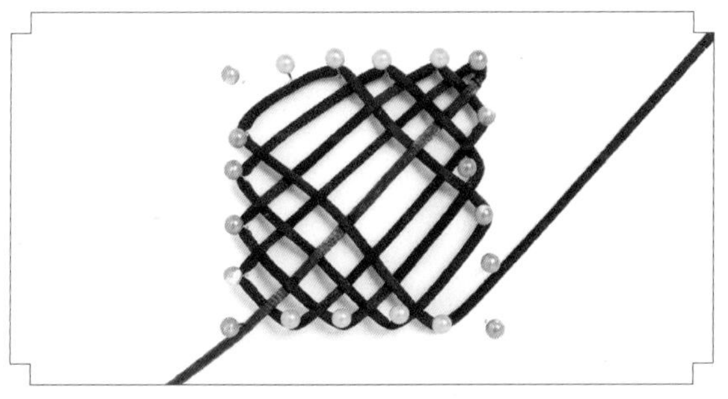

9. 绕出第四个长方形。

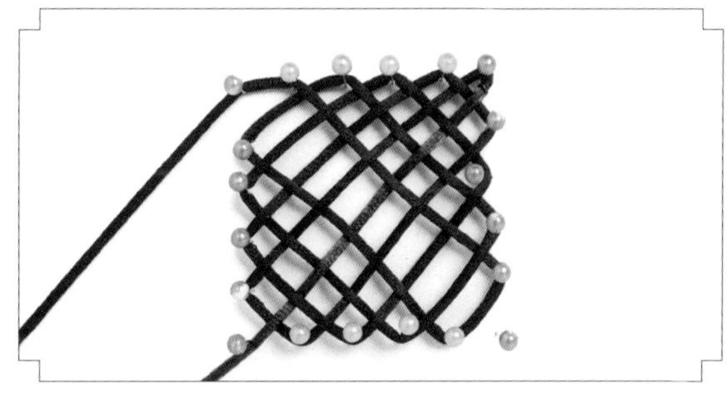

10. 红线以一挑一压的方式穿到左上方。

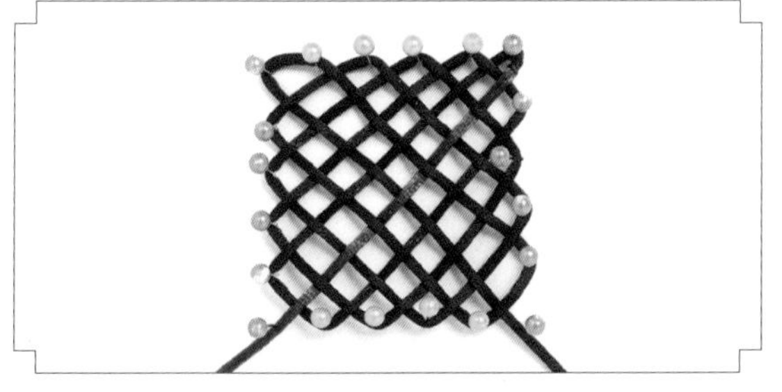

11. 红线再以一挑一压的方式穿到右下方。

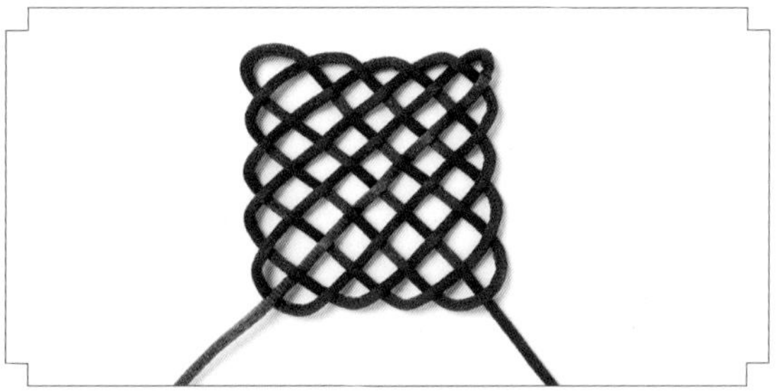

12. 取出结体，根据线的走向调整好结形。

玉米结

此结因形似玉米而得名，一般用来编手机挂饰、项链等。由于方形玉米结的结体似方柱，因此又称“方柱结”。

圆形玉米结

编圆形玉米结的时候，要注意四根线挑压的方向始终是一致的。

制作过程

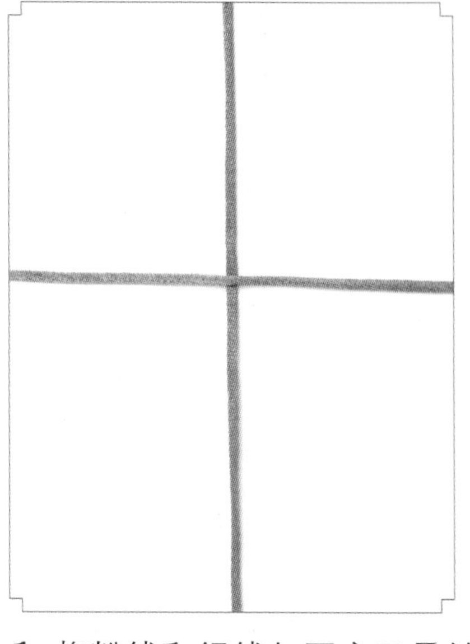

1. 将粉线和绿线如图交叉叠放。

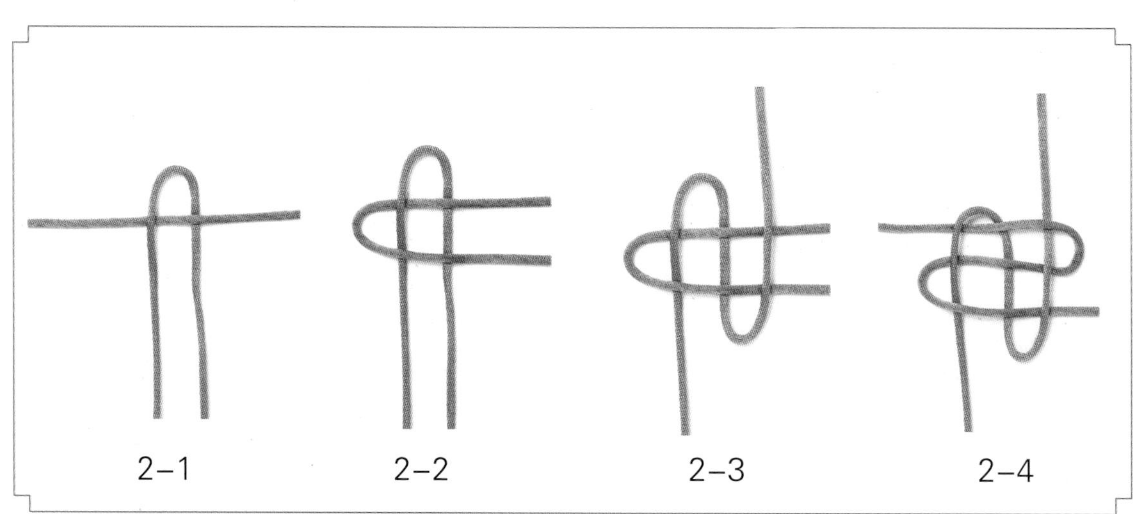

2. 两条线如图按逆时针方向相互挑压。

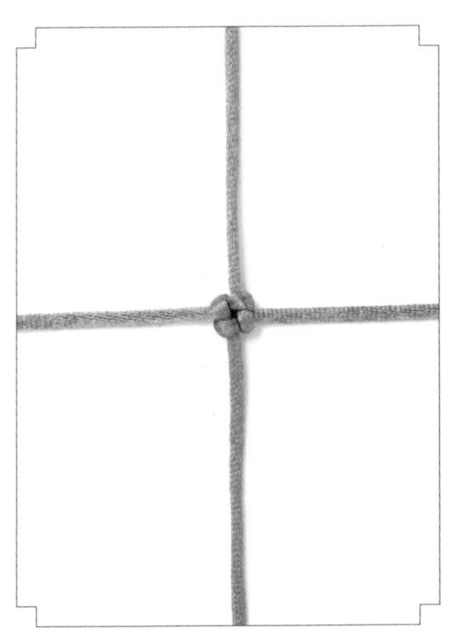

3. 将四个方向的线拉紧。

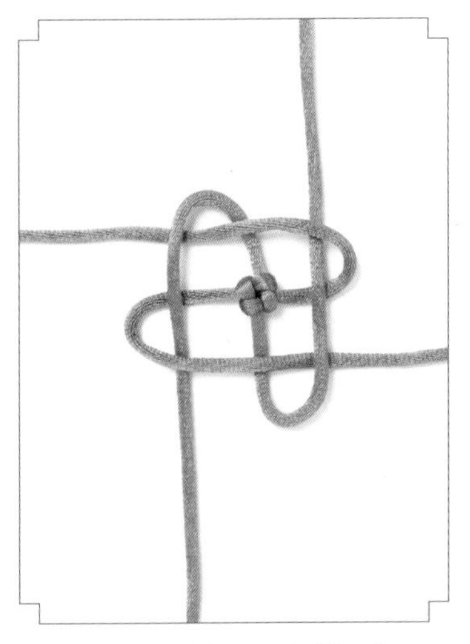

4. 重复前面的做法。（注意：两条线以同一方向挑压。）

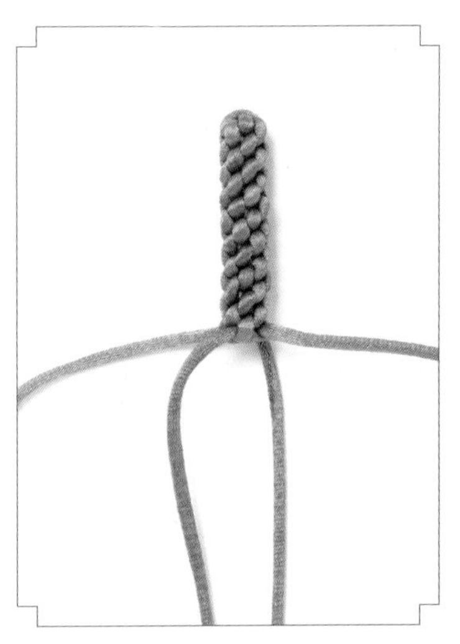

5. 连续编结，编至合适的长度即可。

方形玉米结

编方形玉米结的时候，要注意四根线的方向是一正一反交替进行的。

制作过程

1. 取两条线，如图交叉叠放。

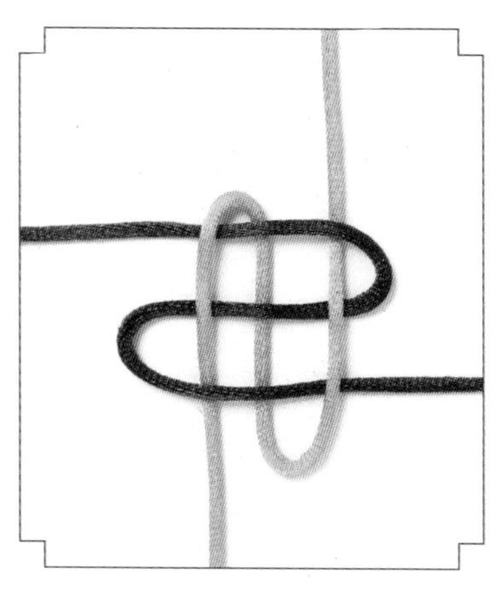

2. 将四个方向的线如图按逆时针方向相互挑压。

3. 将四个方向的线拉紧。

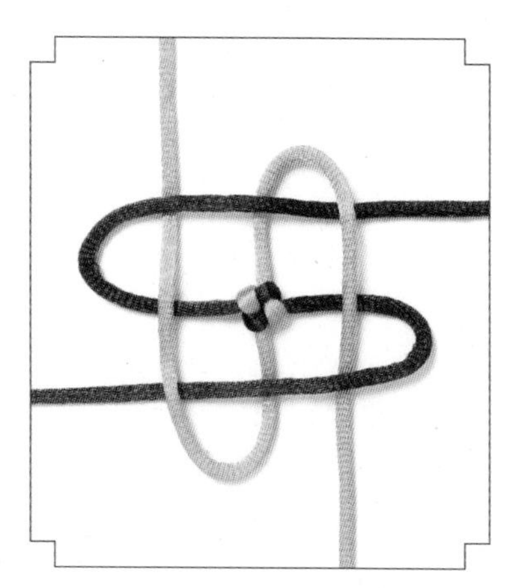

4. 以同样的方式按顺时针方向相互挑压。

5. 将线拉紧。

6. 重复前面的做法。

7. 连续编结，编至合适的长度即可。

吉祥穗

吉祥穗是流苏的一种，以重复编玉米结作为起头，在下端留出长长的流苏，装饰性很强。

制作过程

1. 把两束流苏线十字交叉叠放。

2. 如图交叉相叠。

3. 收紧后重复如上做法。

4. 重复四五次即可。

吉祥结

吉祥结常出现在中国僧人的服饰和庙堂的装饰上，是一个古老而被视为吉祥象征的结饰。在结饰的组合中，如加上吉祥结，便可寓意吉祥如意、吉祥平安、吉祥康泰。

四耳吉祥结

四耳吉祥结的结体有四个耳翼，形似多花瓣的吉祥花，十分美观，有花样年华、如花似玉的美好寓意。

制作过程

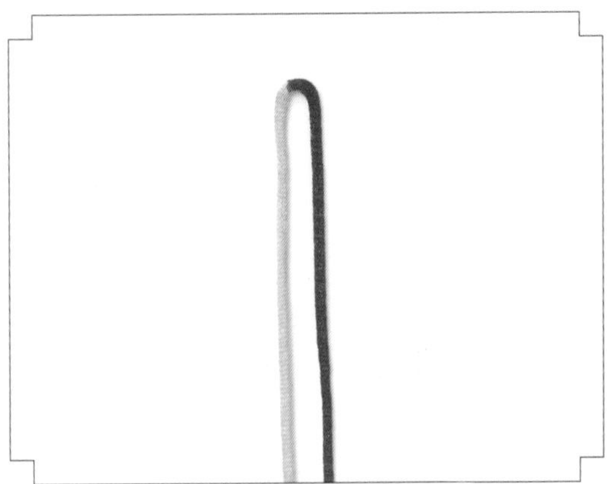

1. 用打火机将红线和黄线对接成一条线，如图对折。

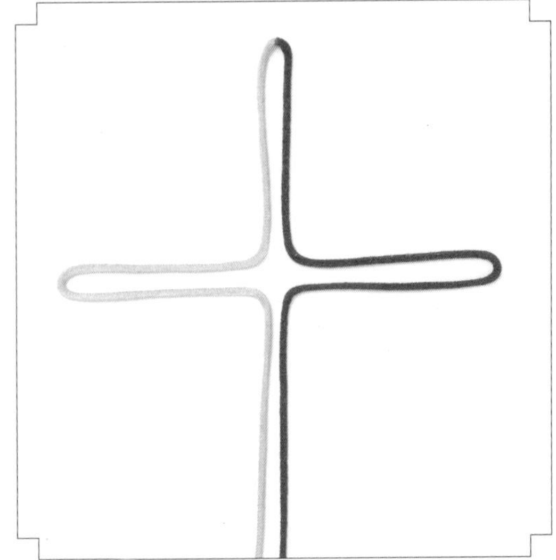

2. 红线和黄线分别拉出如图的耳翼。

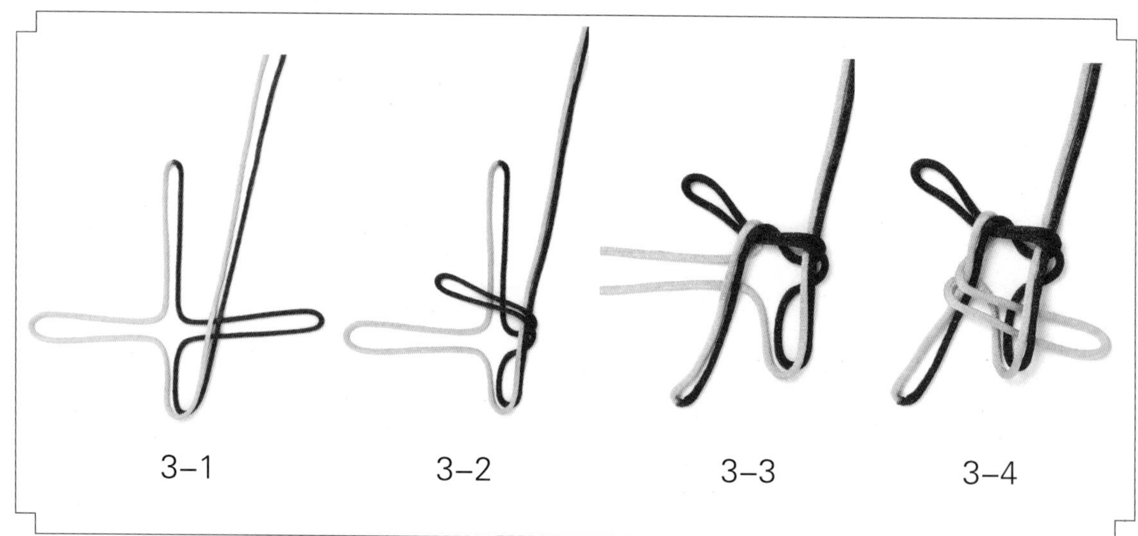

3. 取一耳向右压相邻的耳。（注意：四个方向的耳以逆时针方向相互挑压，从任意一耳起头皆可。）

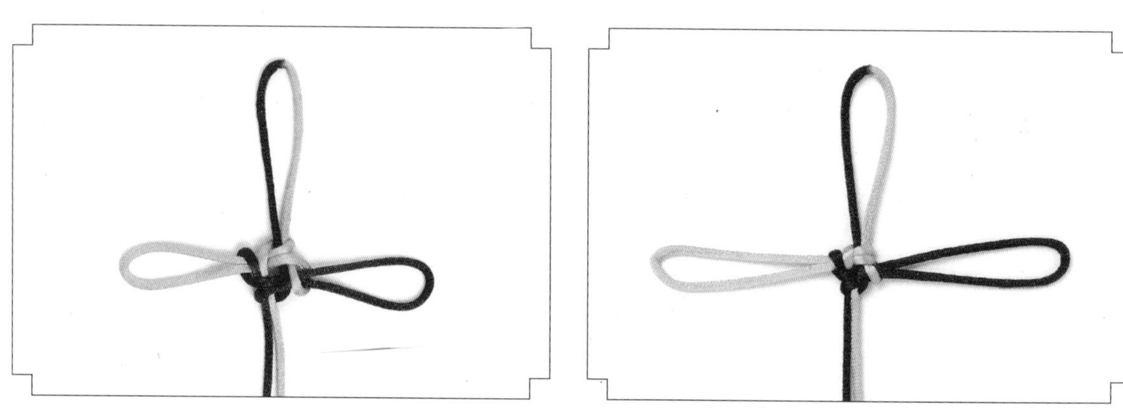

4. 将结体收紧。

5. 将结体调整好。

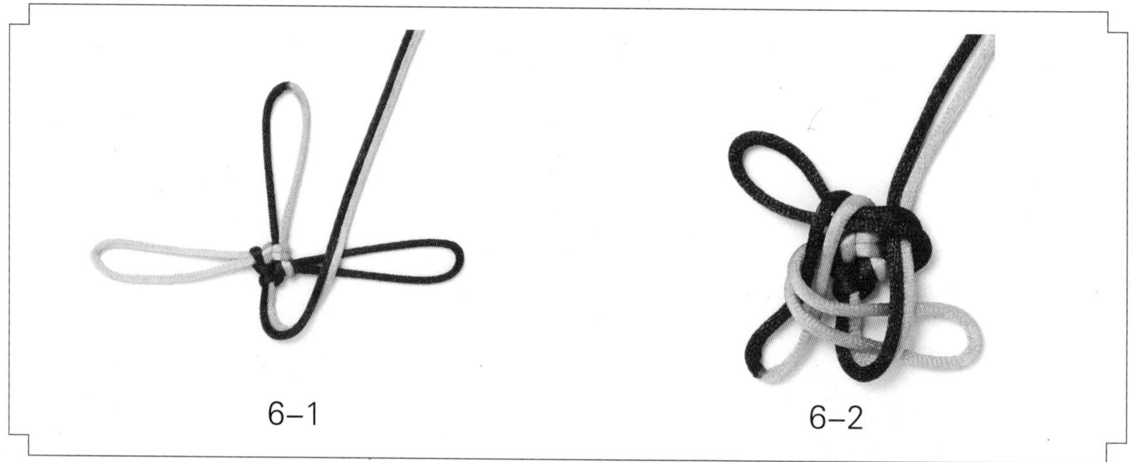

6. 重复步骤③的做法。

7. 收紧结体。

8.拉出如图耳翼，调整成形。（注意：外耳不能太小，否则容易松散。）

六耳吉祥结

六耳吉祥结是在四耳吉祥结的基础上演变而成的，编出来的结体有 6 个耳翼。

制作过程

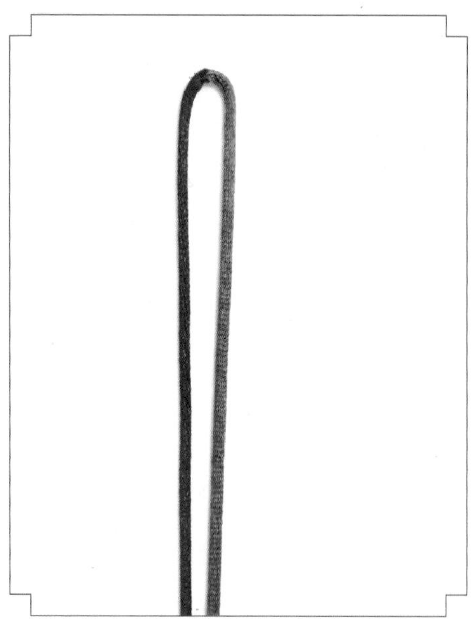

1. 用打火机将红线和绿线对接成一条线，如图对折。

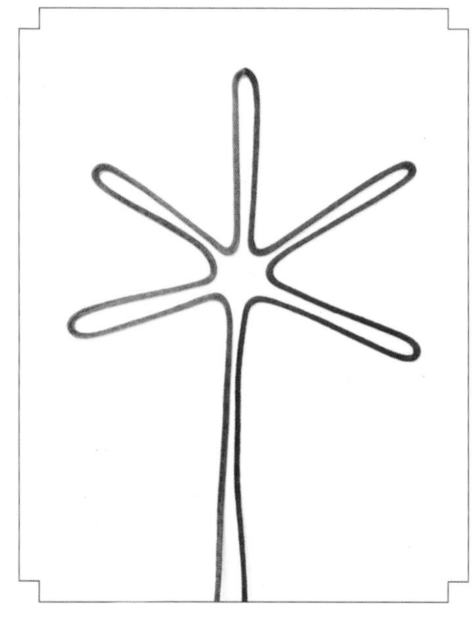

2. 左右各拉成 4 个耳翼，如图形成 6 个耳翼。

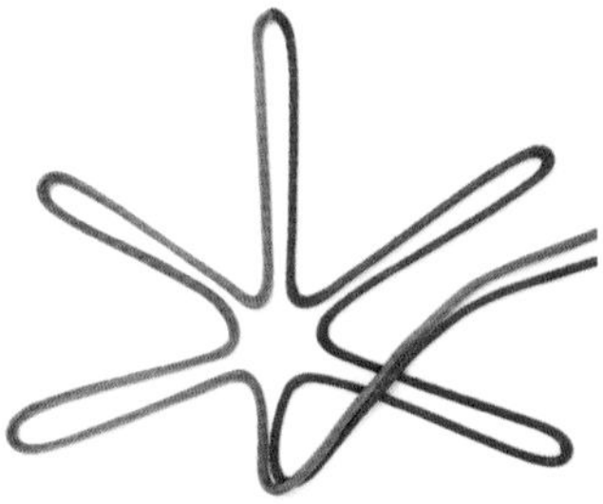

3-1 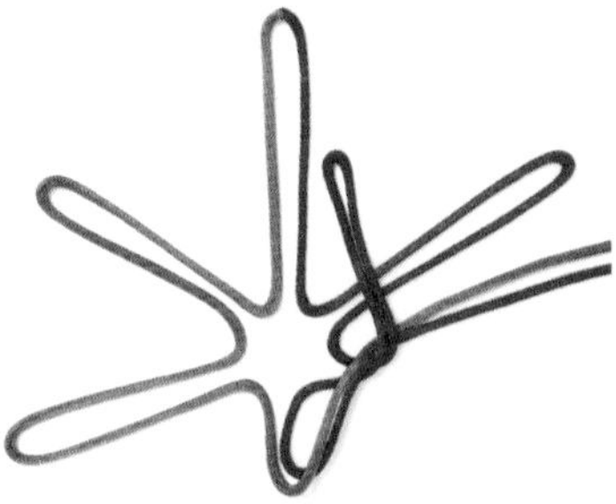　3-2 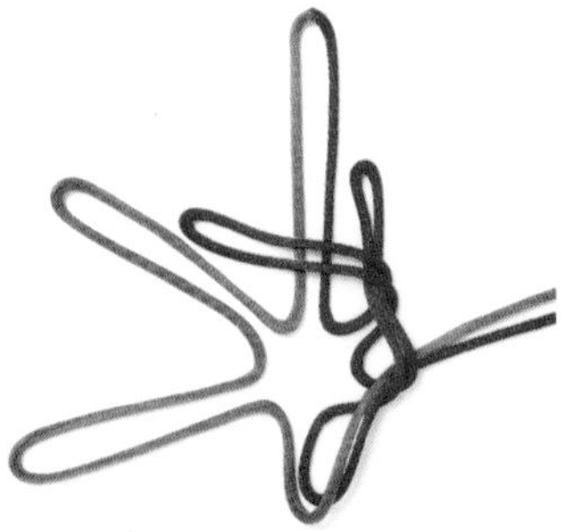　3-3

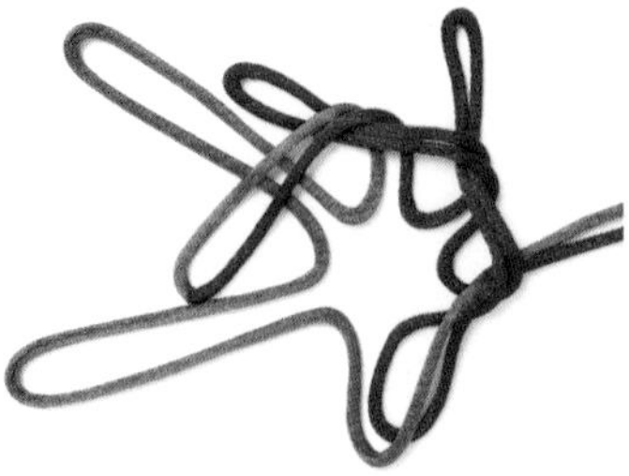

3-4 　3-5 　3-6

3. 6 个耳翼以逆时针方向相互挑压。（注意：六耳吉祥结比四耳吉祥结多了两个耳翼，但挑、压的方法与四耳吉祥结是一样的。）

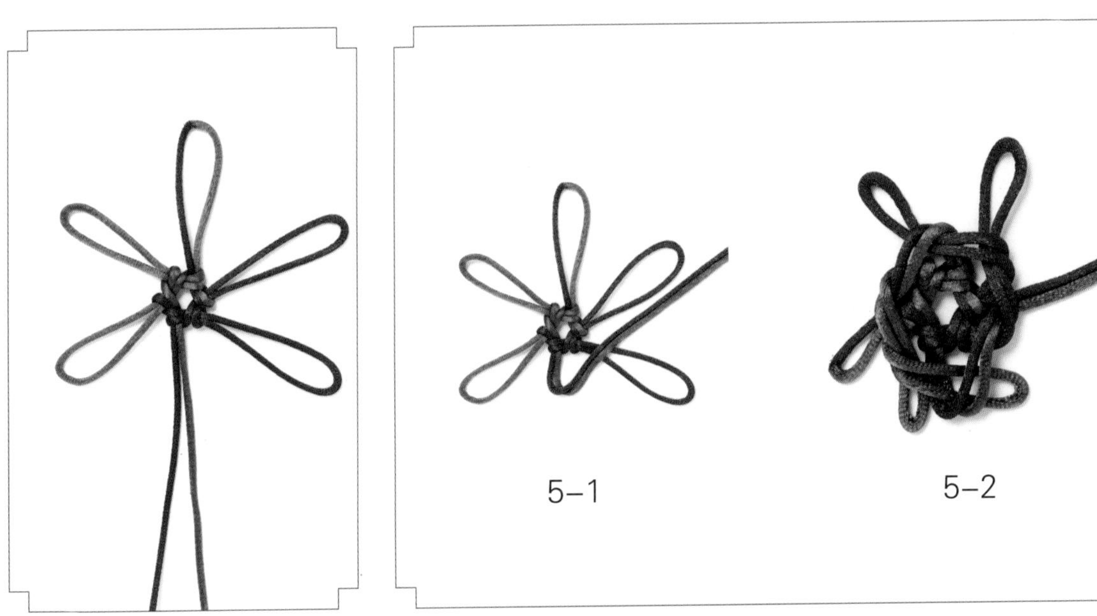

5-1　5-2

4. 拉紧结体，将大耳留出来。

5. 以同样的方法按逆时针方向再挑压一次。

6. 将线调紧拉好。

7. 将所有的耳翼调整好即可。

宝结

宝结是一种全新的结体，虽然它的编结方法与盘长结有相似之处，但其结形却与以往传统的结形不同。它的特色是长短套的组合，结体因边数与套数的不同，可产生许多不同的造型，如：二宝三套、三宝四套、四宝三套等。

二宝三套宝结

制作过程

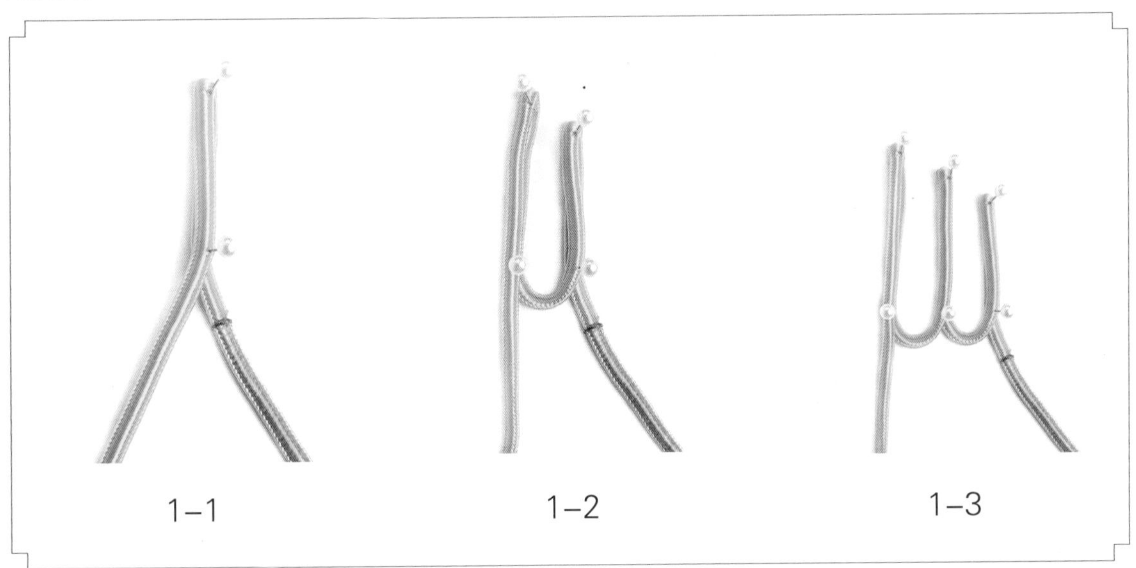

1. 黄线做三个竖套（线的对折处叫做“套”）。第一个竖套最长，第二个稍短，第三个最短。

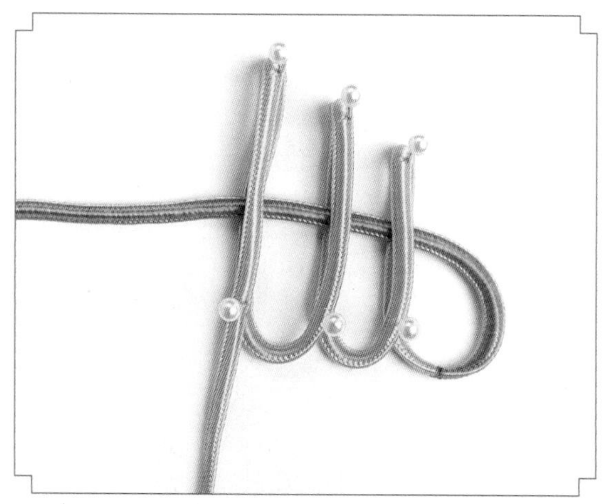

2. 蓝线穿入上面做好的三个竖套中。

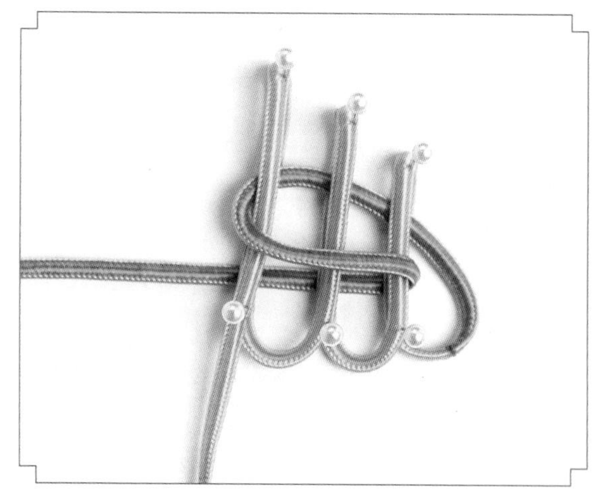

3. 蓝线包住所有的竖套。

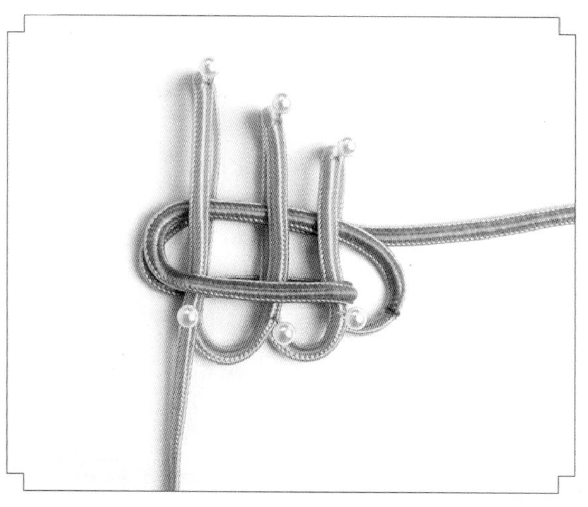

4.蓝线从三个竖套中穿出来。

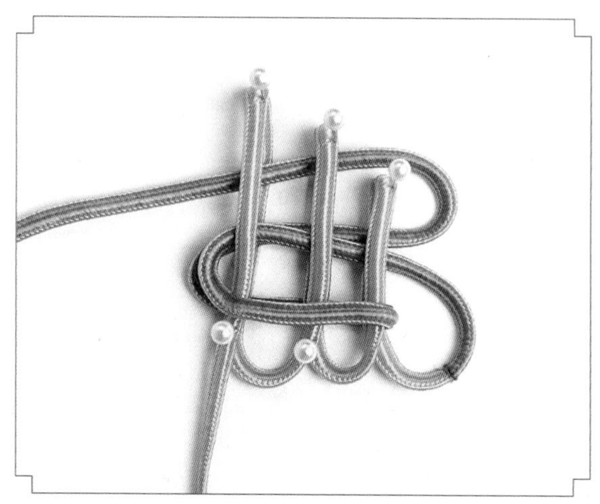

5. 蓝线穿入左边两个较长的竖套中。

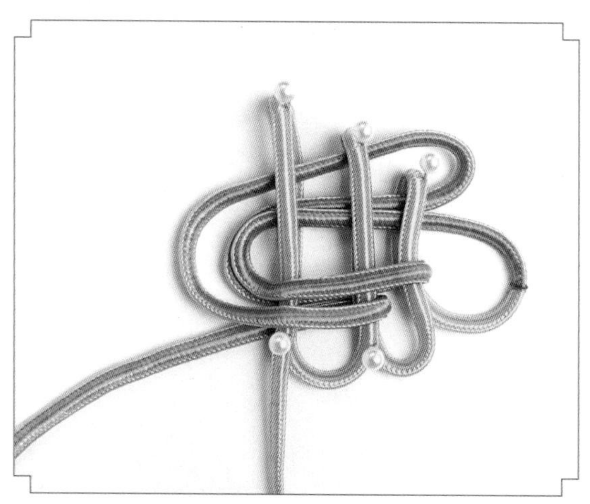

6. 蓝线包住两个较长的竖套。

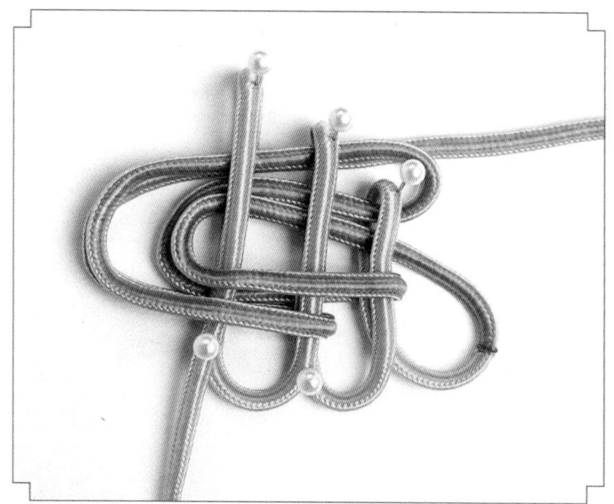

7. 蓝线从两个较长的竖套中穿出来。

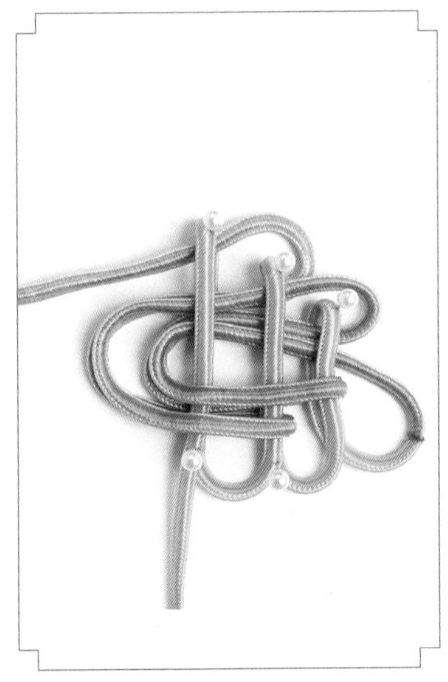

8.蓝线穿入最长的竖套中。

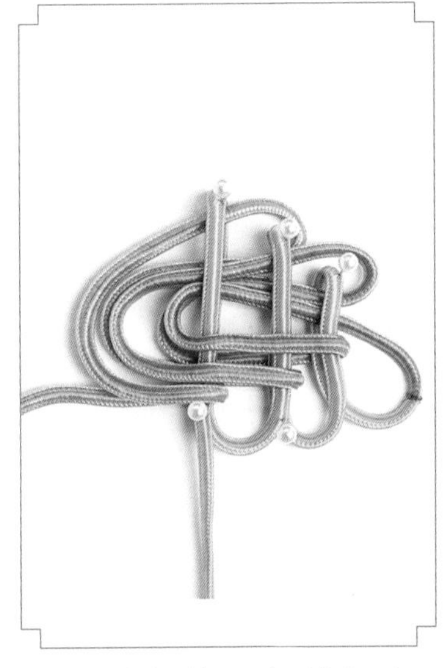

9.蓝线包住最长的竖套。

10. 蓝线从最长的那个竖套中穿出来。

11.整理结形。二宝三套宝结就完成了。

三宝三套宝结

制作过程

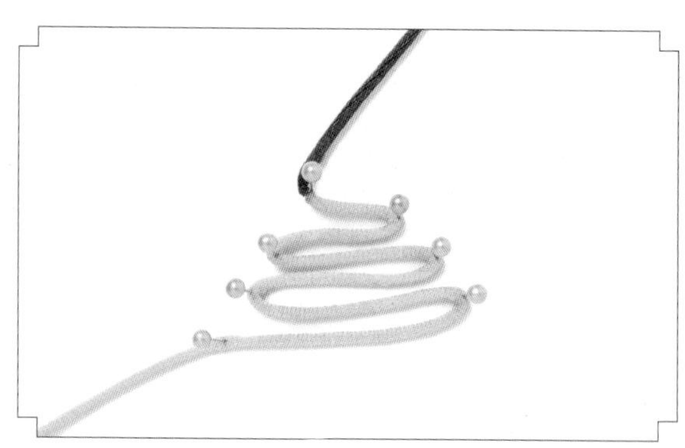

1. 先用黄线做三个横套。（注意：图中三个横套的长度是从上至下依次递增的。）

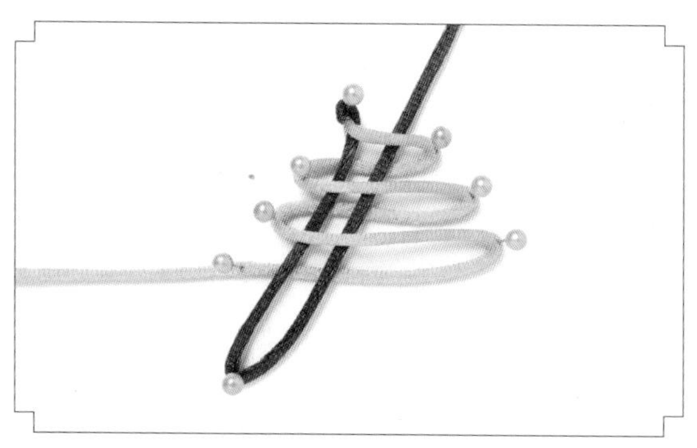

2. 棕线做一个进套，套在三个黄线套中。

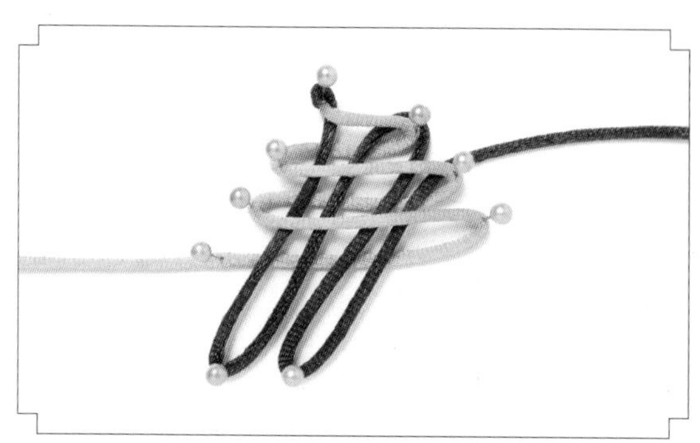

3. 棕线做第二个进套，套在下面两个黄线套中。

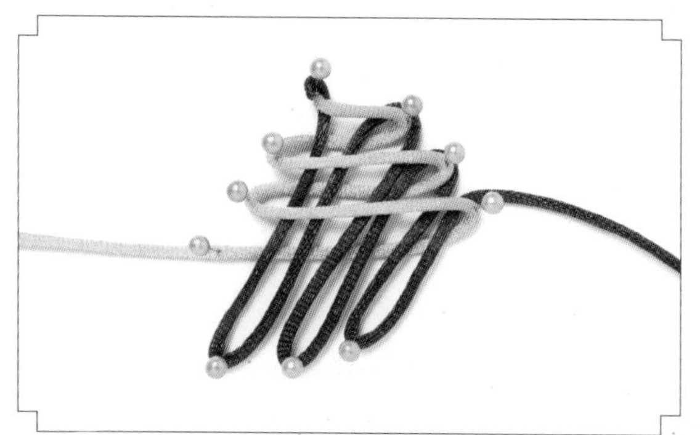

4. 棕线再做一个短套，套在最下面的一个黄线套中。

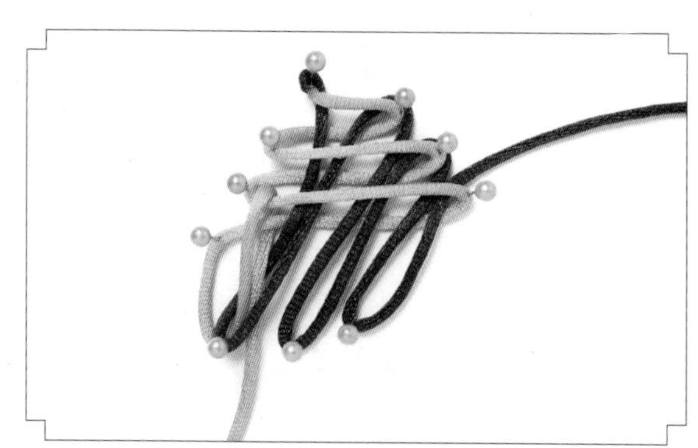

5. 黄线如图进一套然后包一套。

6. 黄线如图进两套然后包两套。

7. 黄线如图进三套然后包三套。

8. 从大头针上取下结体，将线收紧，调整好结形。

三宝四套宝结

制作过程

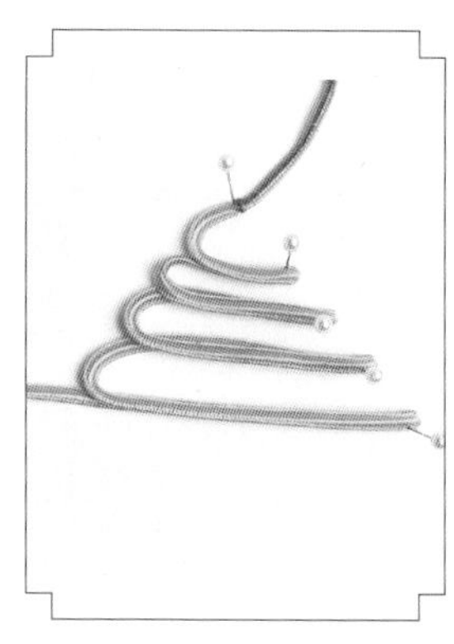

1. 用黄线做4个横套。

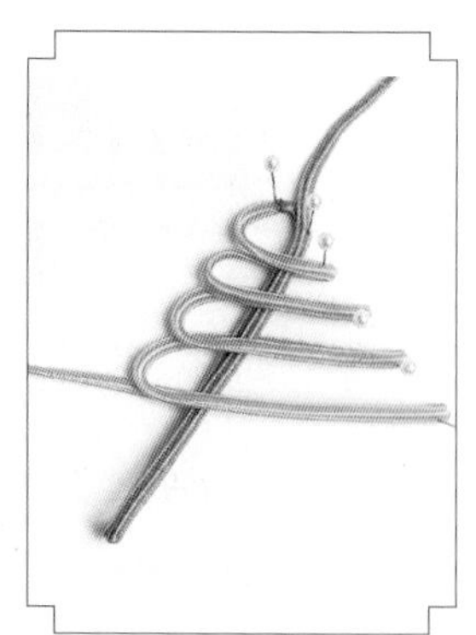

2. 用蓝线做第一个进套，进到前面做好的4个横套中。

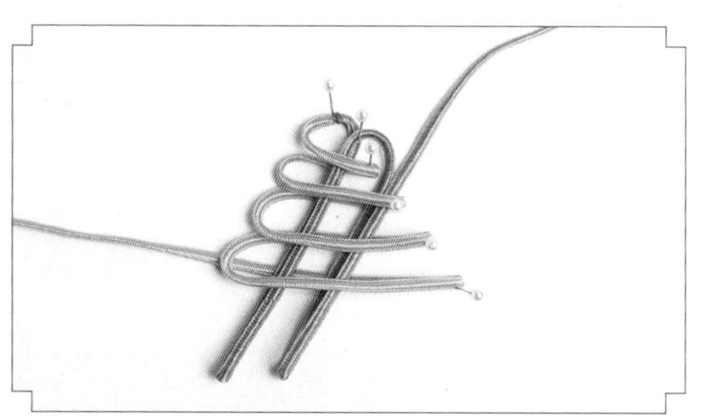

3. 用蓝线做第二个进套，进到下面的3个横套中。

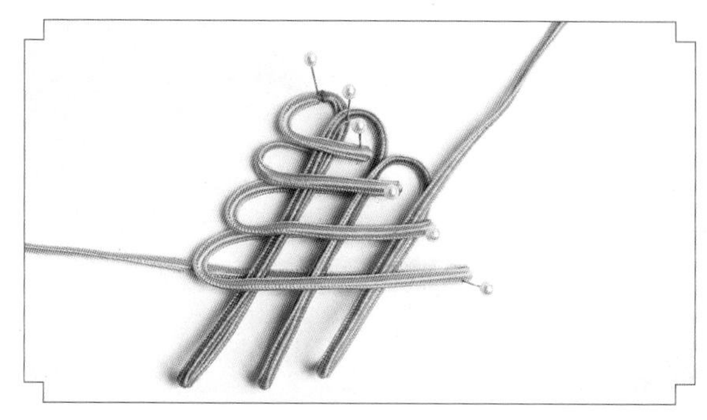

4. 用蓝线做第三个进套，进到下面的两个横套中。

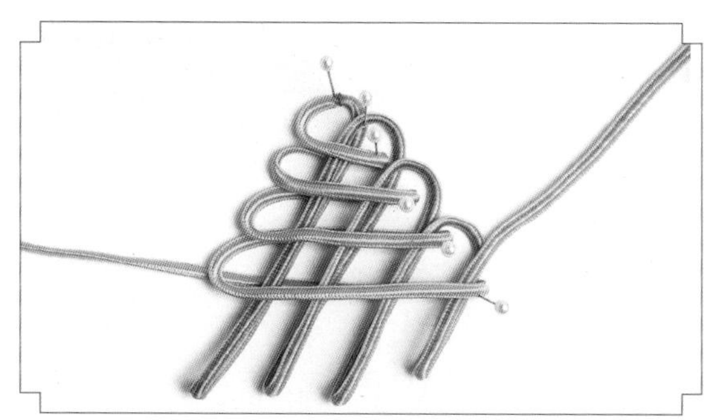

5. 用蓝线做最后一个进套，进到最下面的横套中。

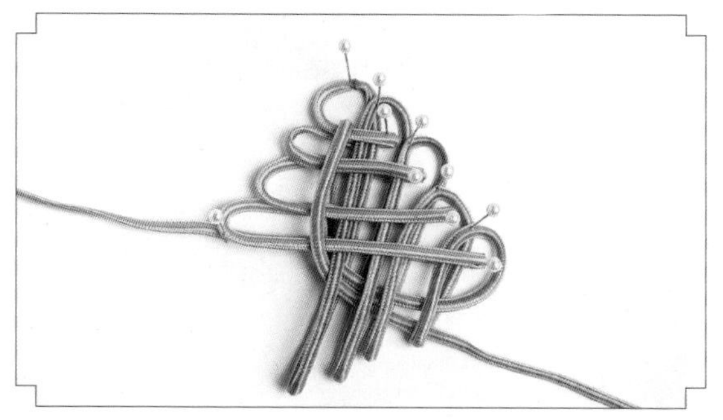

6. 蓝线先进4个蓝套，再包4个黄套。

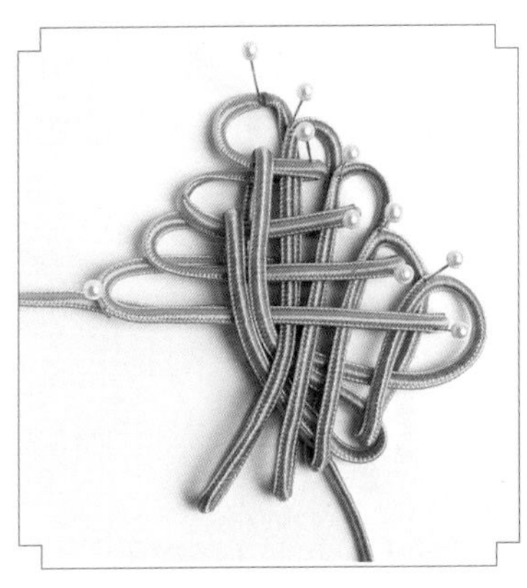

7.蓝线先进3个蓝套，再包3个黄套。

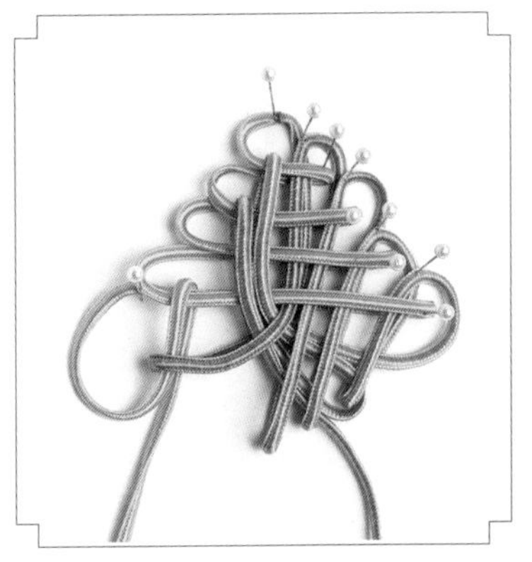

8.黄线从左边进1个蓝套，再包1个黄套。

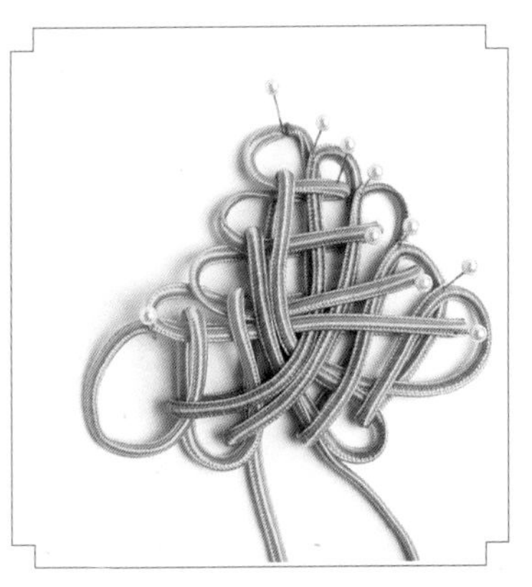

9.黄线进两个蓝套，再包两个黄套。

10.将线收紧，调整结形即可。

藻井结

藻井结因结体中央形似井字而得名，比较牢固，不易松散，可用连续多个藻井结编成手镯、项链、腰带等，结实美观。

制作过程

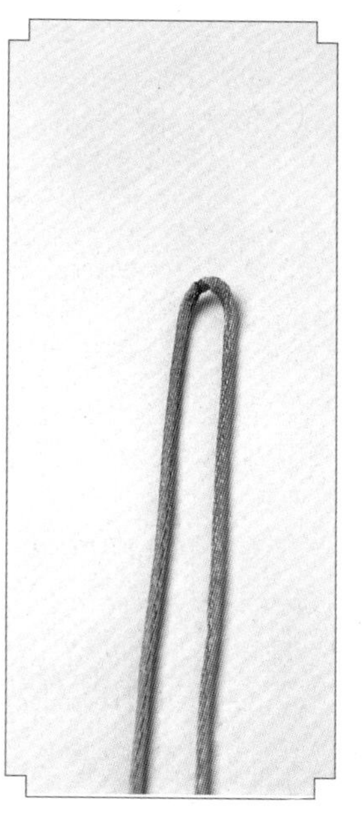

1. 如图，将绿线和粉线连接后对折。

2. 编一个松散的单圈结。

3. 连续编四个松散的单圈结。

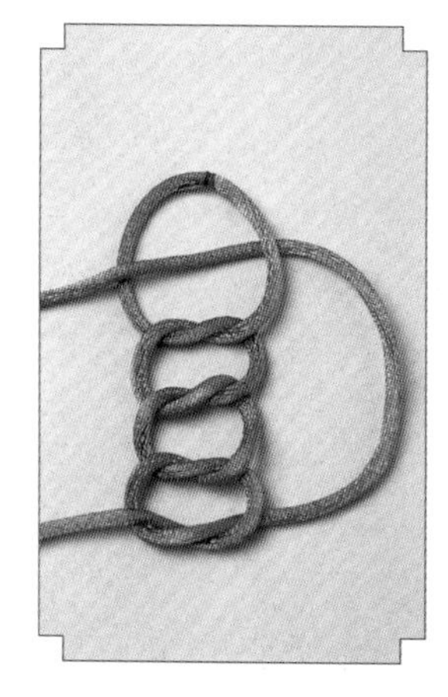

4. 粉线向上穿过第一个线圈。

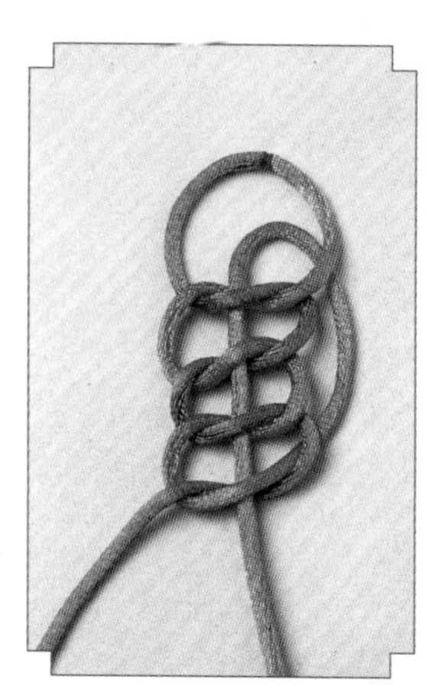

5. 再向下从四个结的中间穿过。

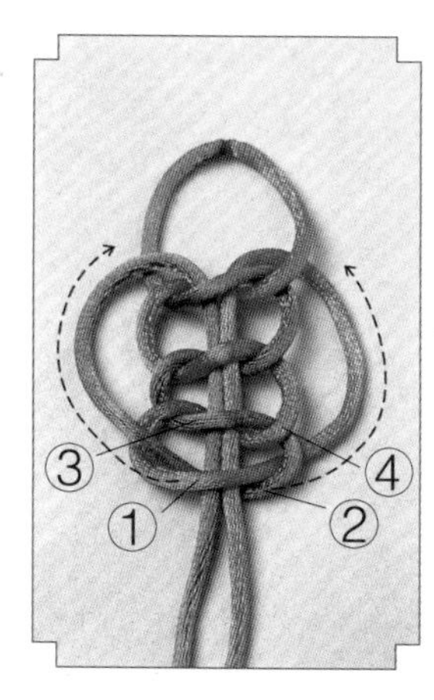

6. 绿线也从四个结的中间穿过。

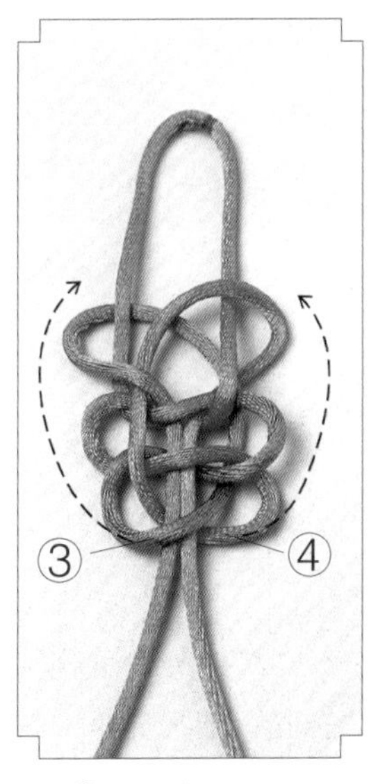

7.①从前向上翻，②从后向上翻。

8.翻至如图所示位置。

9.把结体稍微收紧，仿照①、②把③、④上翻。

10.翻至如图所示位置。

11.按线的走向把线拉紧，调整结体。

琵琶结

琵琶是一种古典乐器，琵琶结因其形状似琵琶而得名。且“琵琶”与“枇杷”同音，“枇杷”是吉祥之果，人们称其为“满树皆金”，因此琵琶结也有吉祥寓意。琵琶结常与纽扣结一起用作旗袍的盘扣。

制作过程

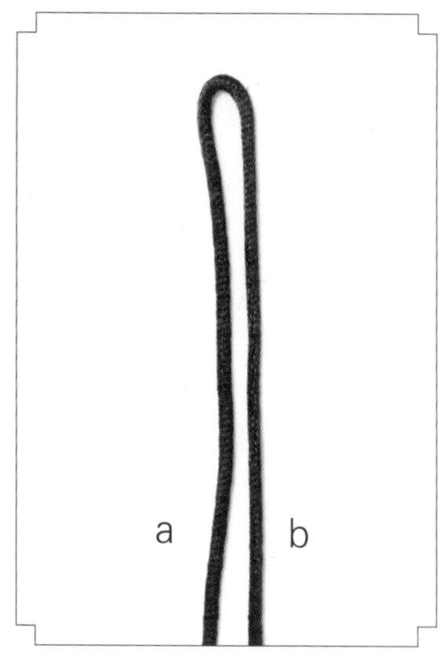

1. 将线对折，形成 a、b 段。

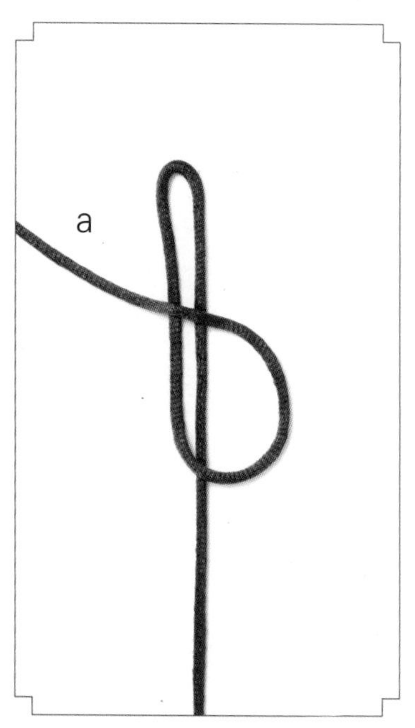

2.a 段按逆时针方向如图绕 1 个大圈。

3.a 段按顺时针方向如图绕 1 个小圈。

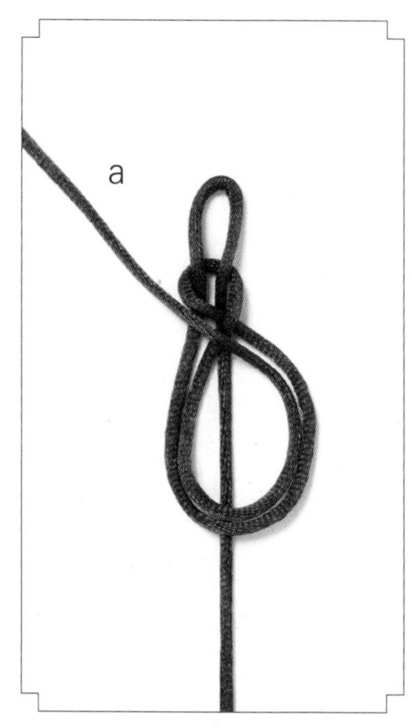

4.a 段在第一个大圈内仿照步骤 2 绕 1 个稍小的圈。

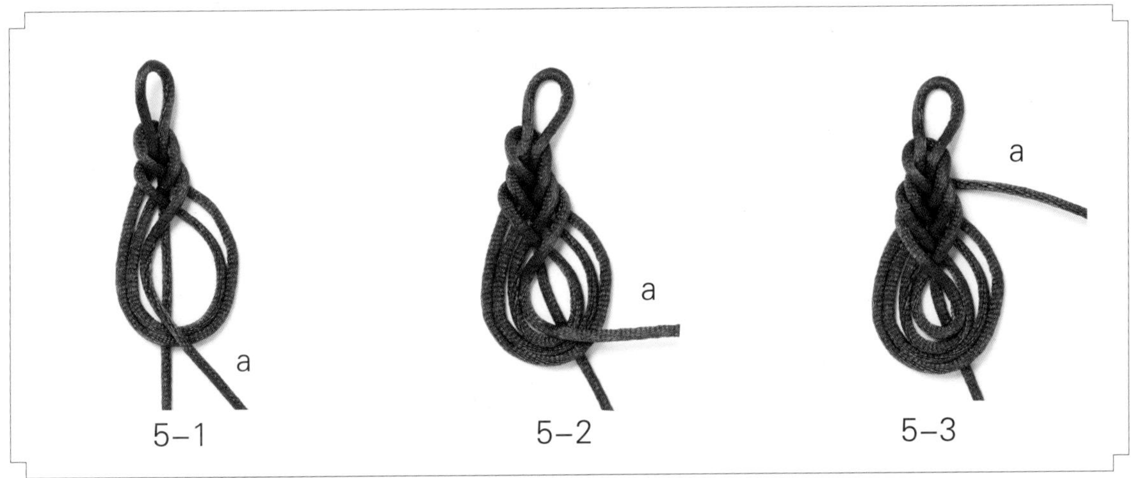

5. 继续仿照上面的方法以 a 段绕圈。

6.a 段如图从最中间的小圈穿过。

7. 调整并收紧结体，剪掉多余的线，将线头用打火机略烧后固定在结的背面。

锁结

锁结反复重叠，是缩短绳子长度的最好办法。此结整齐扎实、不易松散，可用于编制吊饰的挂绳，也可用于锁边。

制作过程

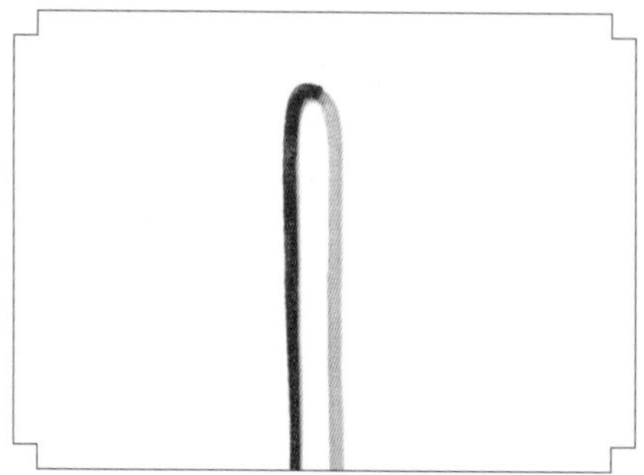

1. 将棕线和黄线的一头用打火机略烧后对接成一条线，如图对折。

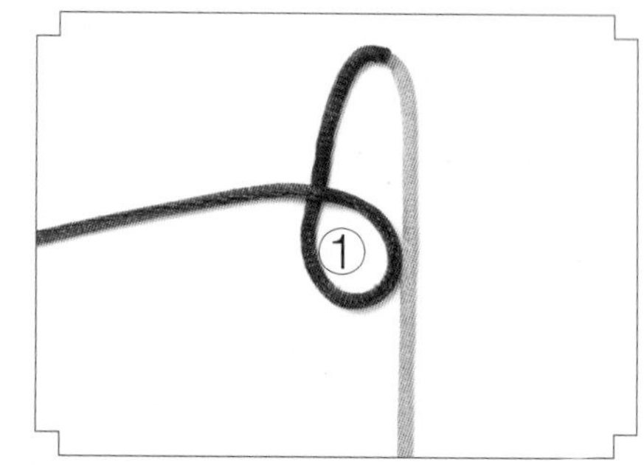

2. 棕线如图绕出圈①。

3. 黄线如图绕出圈②，穿过前面做好的圈①。

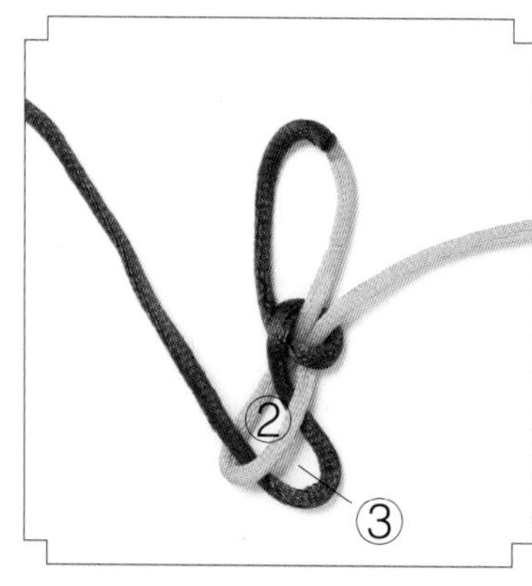

4. 拉紧棕线，然后用棕线做圈③，穿过圈②。

5. 拉紧黄线。

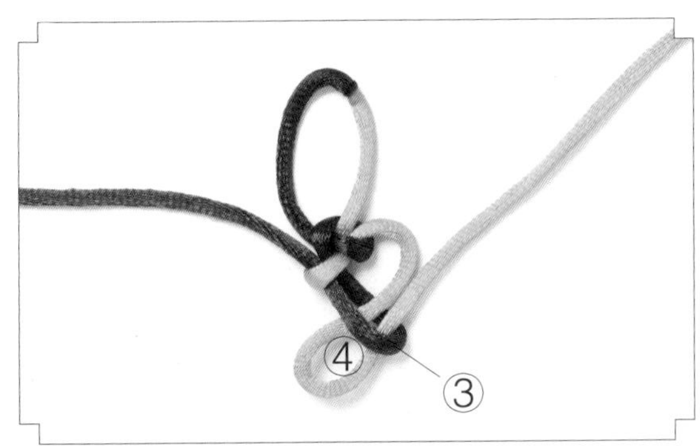

6.用黄线做圈④，穿过圈③。

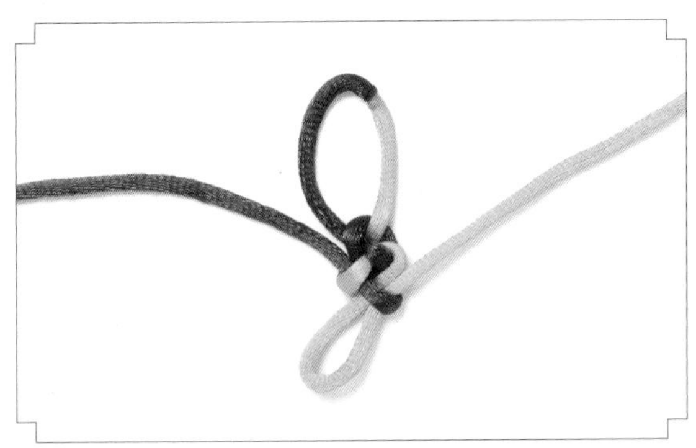

7. 拉紧棕线。

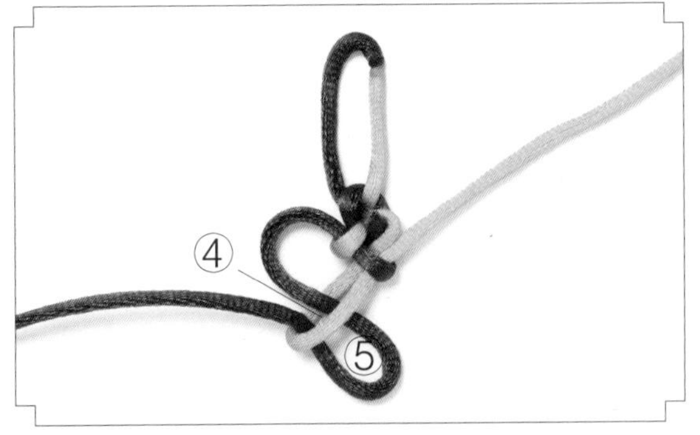

8.用棕线做圈⑤，穿过圈④。

9.拉紧黄线。

10.重复编结，编至所需的长度。

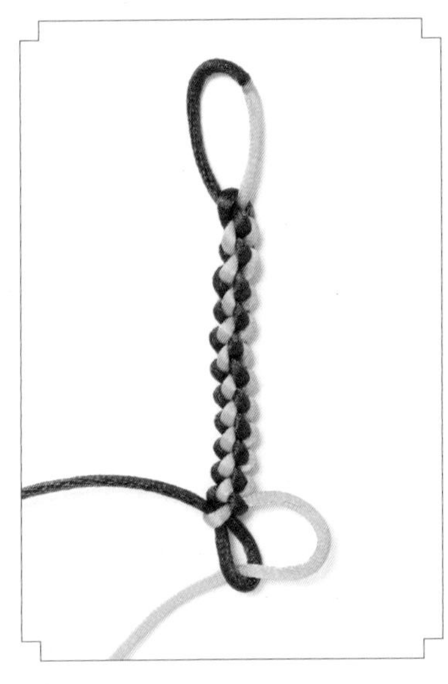

11.将黄线穿入最后一个圈中。

12.拉紧棕线即可。

双环结

双环结又名双耳结，此结环环相扣，寓意连绵不绝、金玉连环。

制作过程

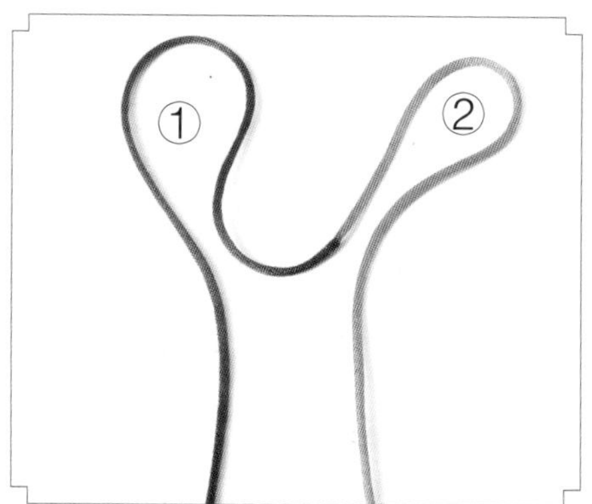

1. 用紫线、黄线分别做出圈①、②。

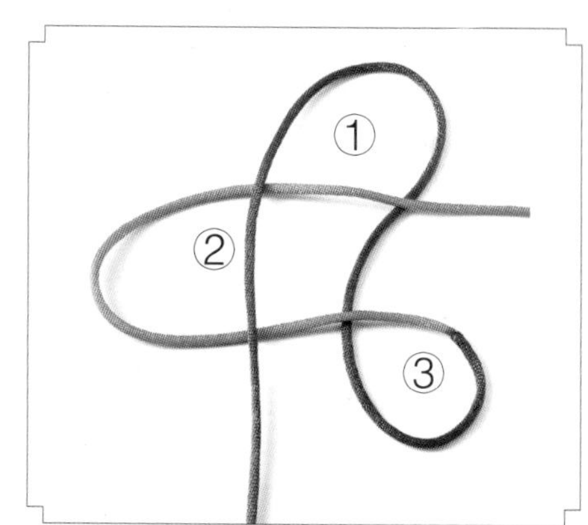

2. 圈②套进圈①，形成圈③。

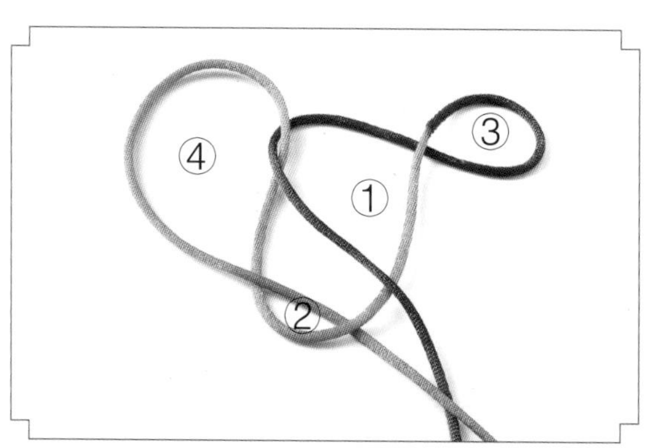

3. 黄线向左绕出圈④，向下穿过圈②。

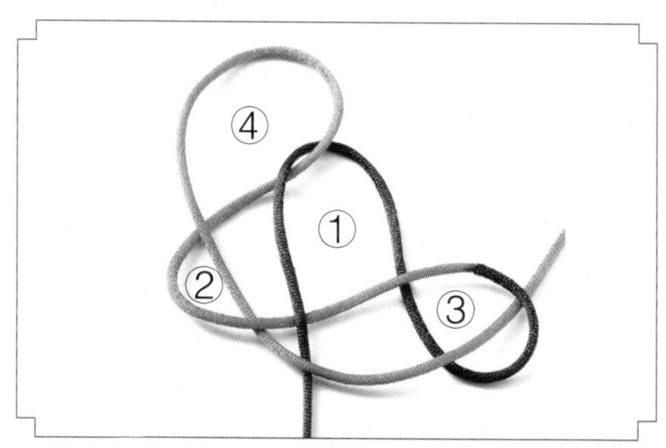

4. 黄线压紫线，向下穿过圈③。

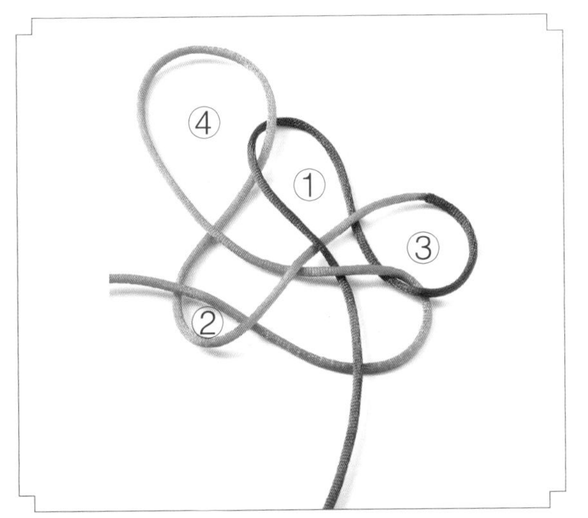

5. 黄线挑紫线，向上穿过圈②。

6. 捏住圈③、④，收紧绳结。圈的大小可调节。

酢浆草结

酢浆草是一种三叶草本植物，本结因形似酢浆草而得名，寓意平凡坚韧、幸运吉祥等。酢浆草结应用范围很广，可变化出很多结饰，如绣球结、如意结等，同时也易于与其他结搭配。

制作过程

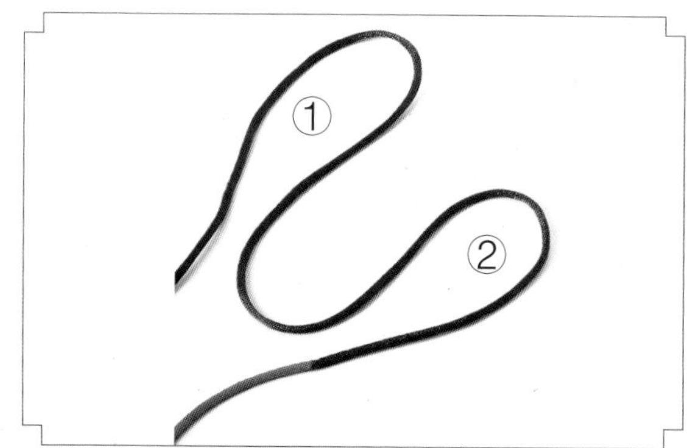

1. 如图用紫线做出圈①、②。

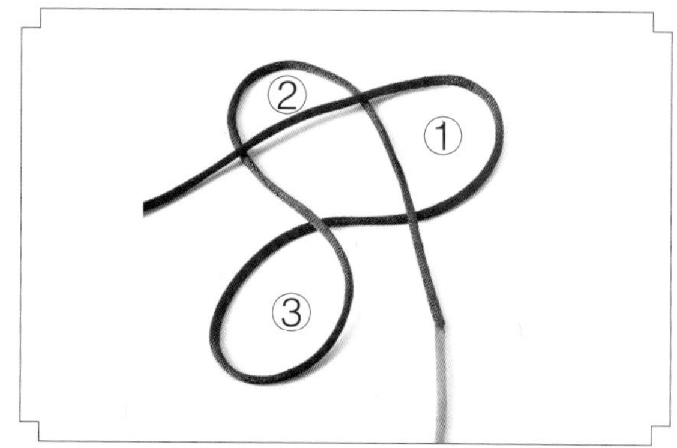

2. 将圈②套进圈①，并形成圈③。

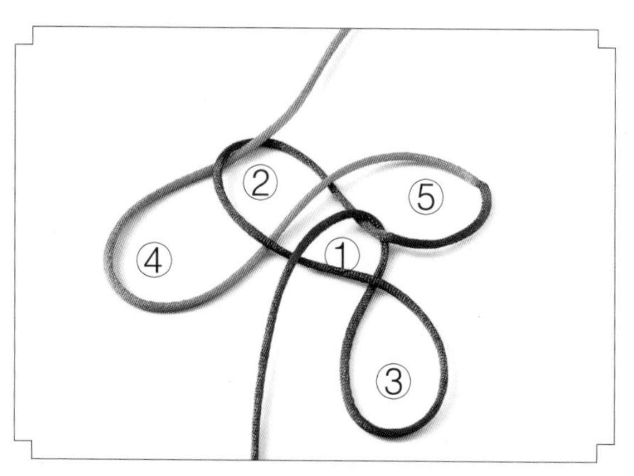

3. 用黄线绕出圈④，并套进圈②，形成圈⑤。

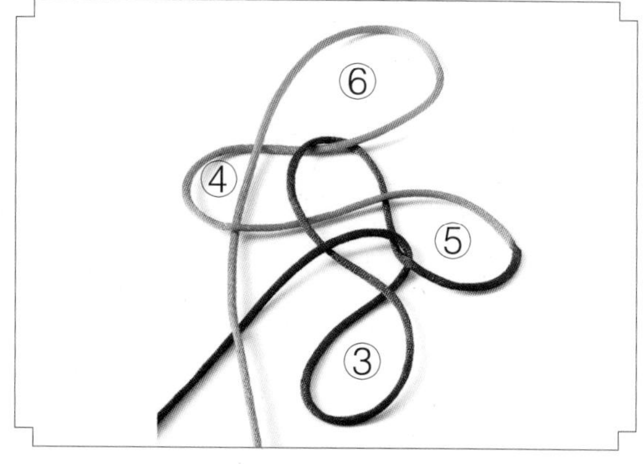

4. 黄线向下穿过圈④，形成圈⑥。

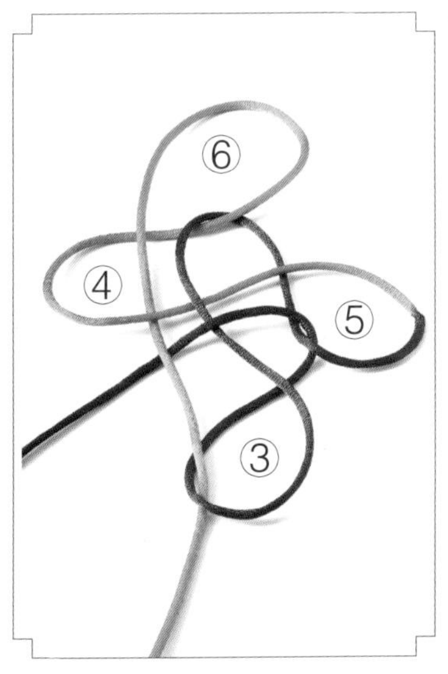

5. 再压紫线，向下穿过圈③。

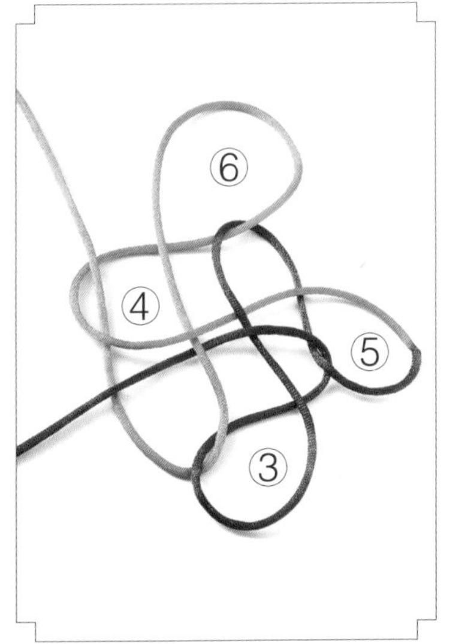

6. 黄线挑紫线，向上穿过圈④。

7.把圈③、⑤、⑥的大小调整好，做成结的耳翼。

8.边调整边收紧线，完成。

元宝结

元宝结由双环结、酢浆草结结合而成。其形似元宝，寓意财源丰收、圆满如意。

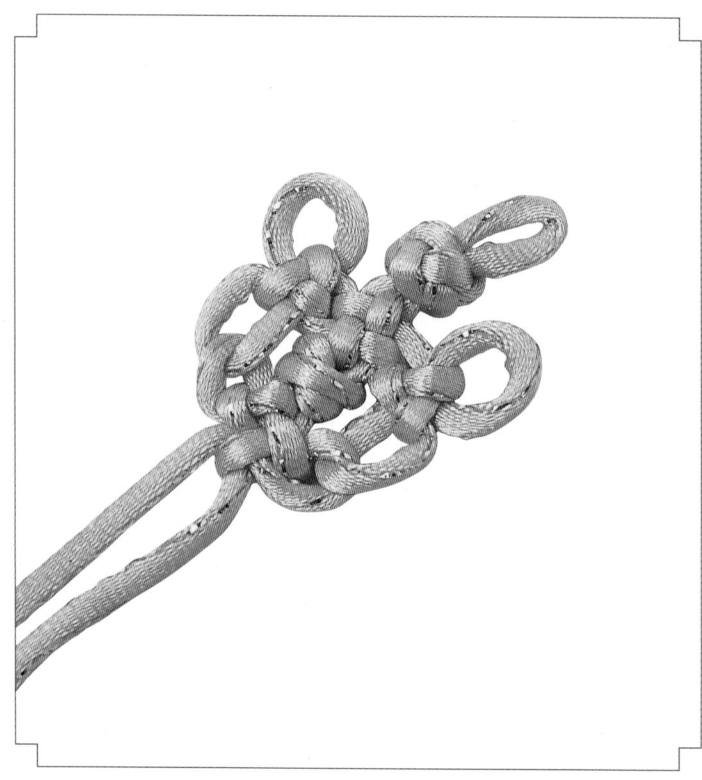

制作过程

1. 如图，用橙线、绿线一起编 1 个纽扣结。

2. 橙线、绿线分别编 1 个双环结。

3. 如图，中间编 1 个酢浆草结。

4.下面编1个双联结。

5.橙线、绿线分别穿过双环结的下面两个环，绕出两个圈。

6.接着编1个酢浆草结。

7.把线调整好即可。

绣球结

绣球结由五个酢浆草结组合而成。相传雌雄二狮相戏时，其绒毛会结合成球，俗称绣球，而小狮子就是从绣球中诞生，所以绣球被视为吉祥之物。绣球结寓意完美、圆满、五福临门等。

制作过程

1. 编第一个酢浆草结。

2. 右线穿过酢浆草结的右圈。

3. 然后编第二个酢浆草结。

4. 左线用同样的方法编第三个酢浆草结。

5. 在3个结的中间再编1个酢浆草结。

6.左右两线穿过第二、第三个酢浆草结的下线圈。

7.如图编好最后一个酢浆草结即可。

如意结

如意结由四个酢浆草结组合而成。如意为吉祥之物，此结因形似如意而得名，有平安如意、万事如意、吉祥如意等寓意。

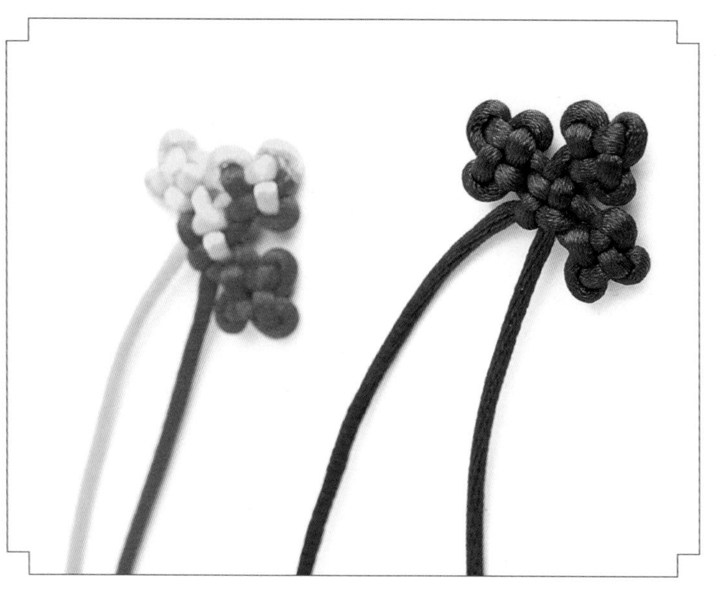

制作过程

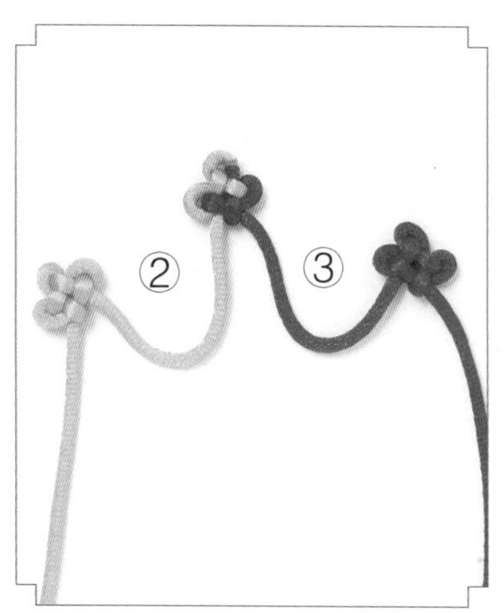

1. 将红线和黄线对接成一条线，如图做3个酢浆草结，结与结之间留出适当的长度，分别做圈②和圈③。

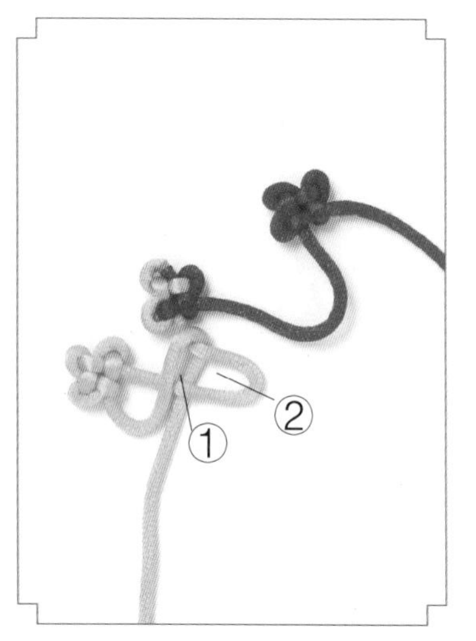

2. 黄线另一端做圈①，用圈①包住圈②。

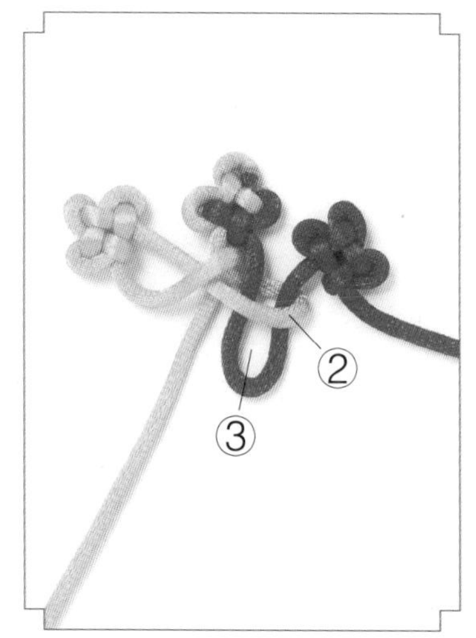

3. 圈③进到圈②中。

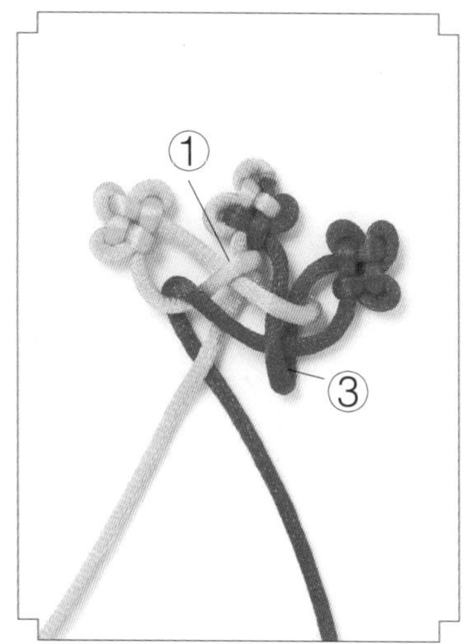

4. 红线另一端穿进圈③，再包住圈①。

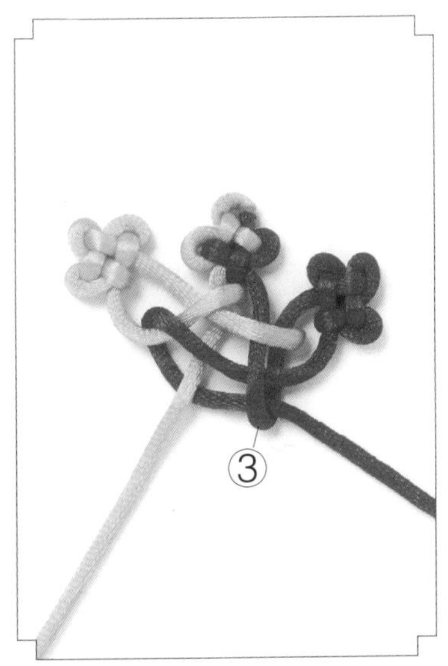

5. 红线从圈③中穿出来。 **6.**把酢浆草结收紧。 **7.**调整好结体即可。

团锦结

团锦结是中国结的基本结之一。其结形圆满，变化多端，类似花形，结体虽小但美丽且不易松散。

团锦结耳翼成花瓣状，又称“花瓣结”，造型美观，自然流露出花团锦簇的喜气，如果再在结心镶上宝石之类的饰物，更显华贵，是一个喜气洋洋、吉庆祥瑞的结饰。

六耳团锦结

制作过程

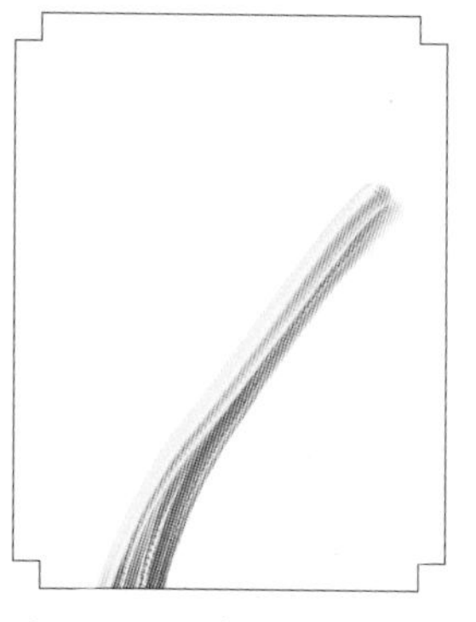

1. 取一条线做一个套。

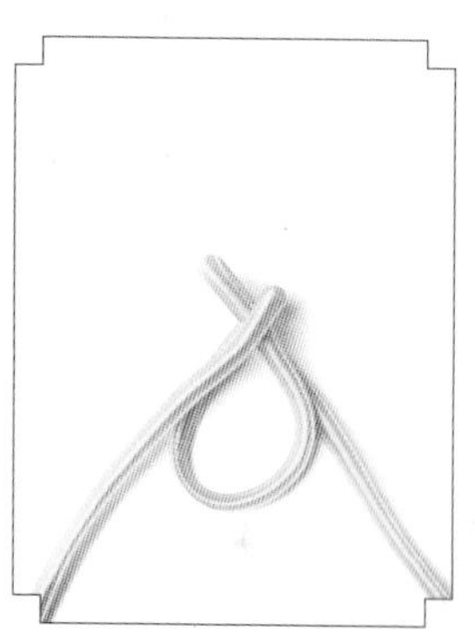

2. 用右边的线做一个套，用左套包住右套。

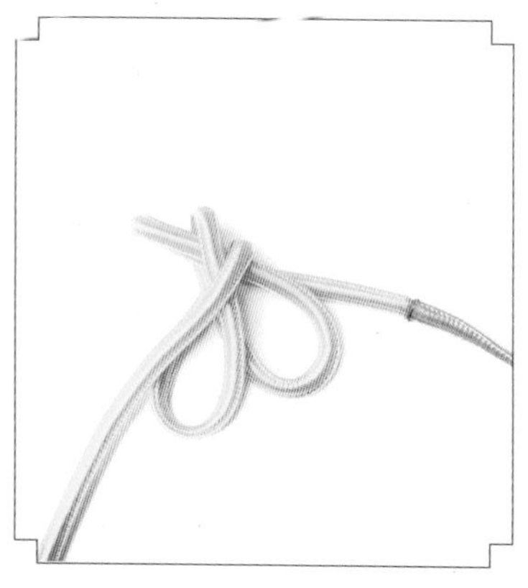

3. 用右边的线再做一个套，进到前面做好的两个套中。

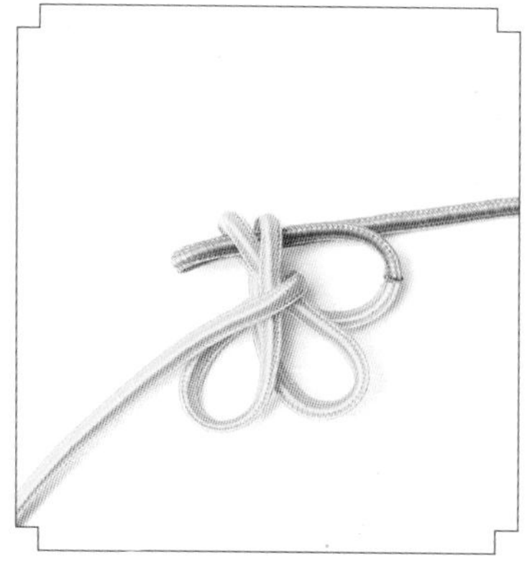

4. 用右边的蓝线做一个套，进到前面做好的两个黄套中。

5. 用右边的蓝线穿进最后的一蓝一黄两个套中，然后穿进最开始的那个黄套中。

6. 蓝线包住最开始的那个黄套后返回，形成一个新的蓝套。

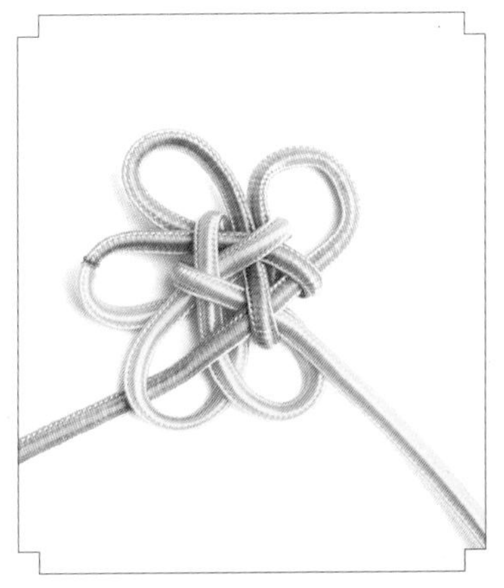

7. 蓝线穿入最后的两个蓝套。

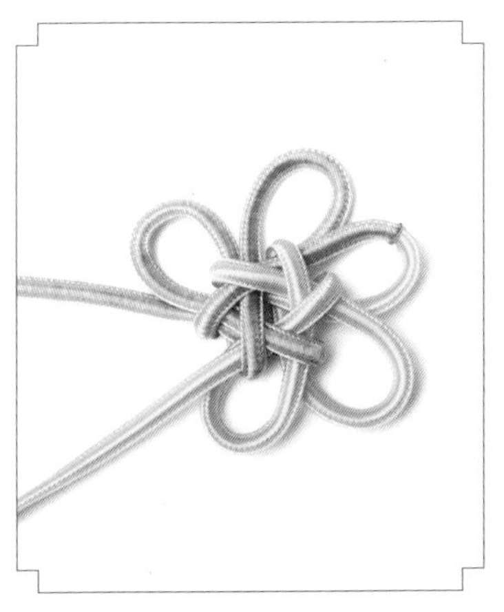

8. 蓝线包住最开始编的两个黄套后返回。

9. 六耳团锦结的背面图。

10. 将结形整理好，一个六耳团锦结就制作完成了。

实心八耳团锦结

制作过程

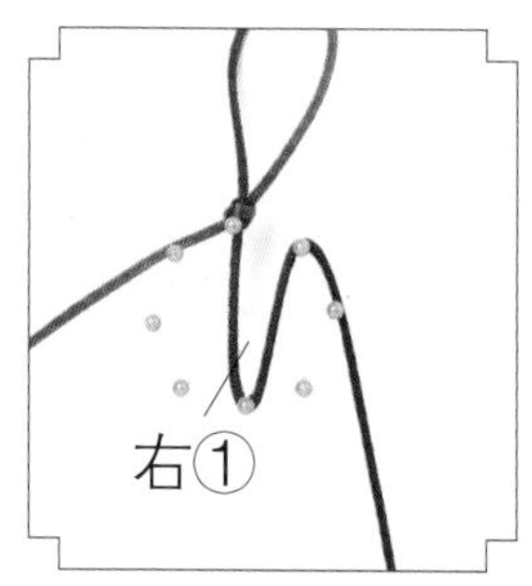

1.打双联结后先走红线，如图在大头针上绕出右①。

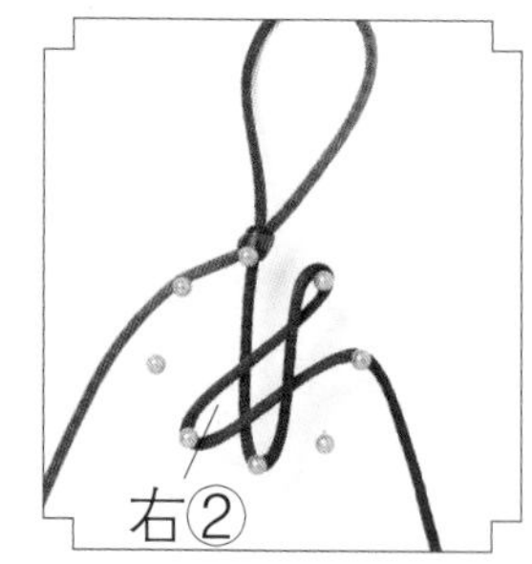

2. 用钩针钩出右②。

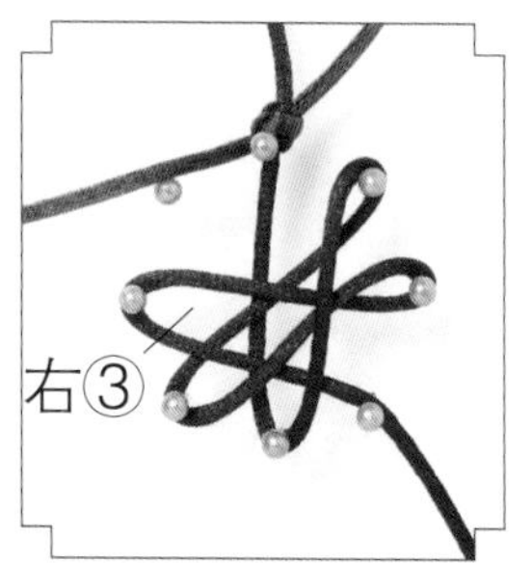

3.钩出右③。

4. 钩出右④。

5. 接下来走绿线，同样用钩针钩出左①。

6. 钩出左②。

7.钩出左③。

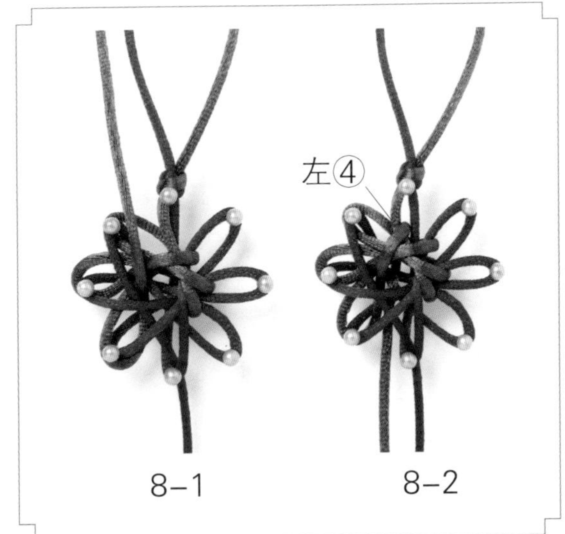

8.钩出左④。

9. 取出结体，拉出耳翼，调整好结形，以双联结收尾即可。

空心八耳团锦结

制作过程

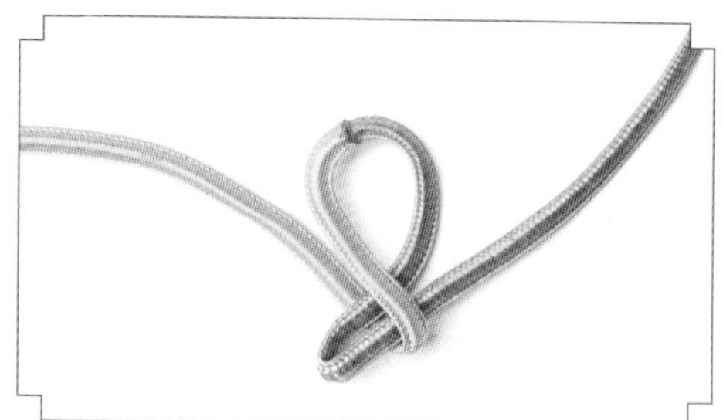

1.用线做两个套，用左边的黄套包住右边的蓝套。

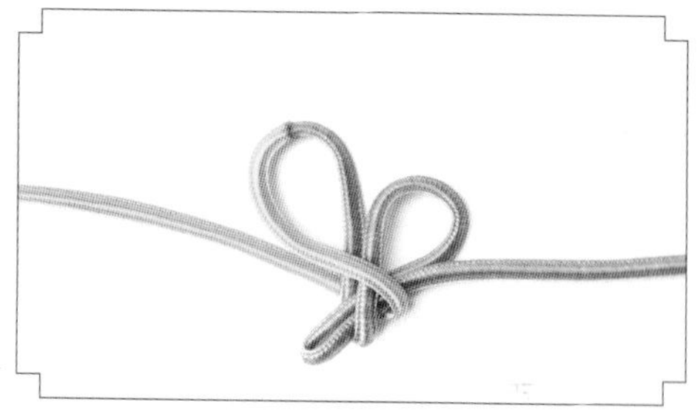

2. 用蓝线做一个套，进到前面做好的两个套内。

3. 用蓝线再做一个套，进到刚做好的蓝套内。

4. 继续再进蓝线。

5. 黄线将制作的第一个蓝套包住后返回。

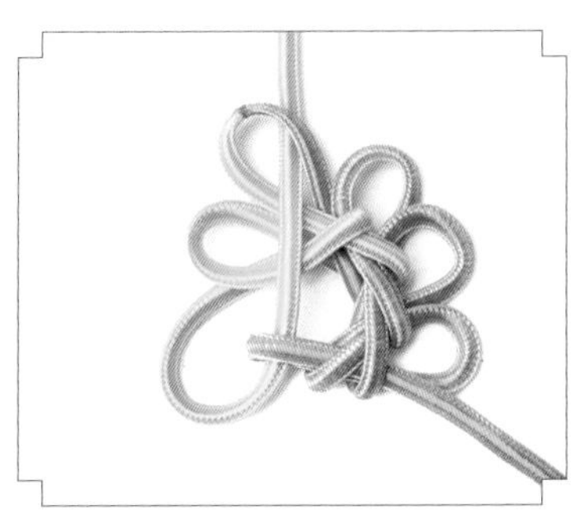

6. 黄线穿入下方第一个蓝套后，向上穿过最初形成的线圈中。

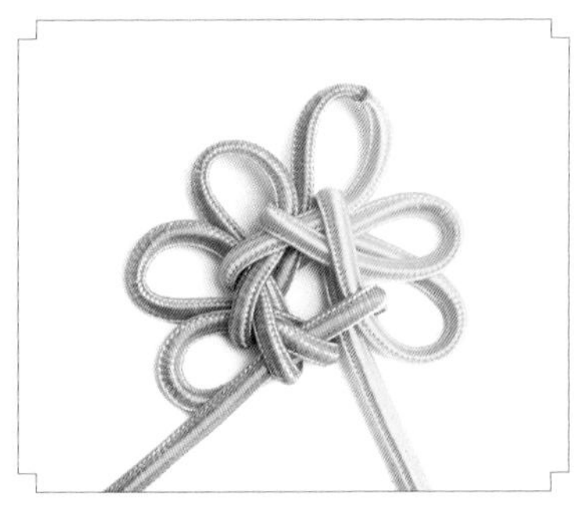

7. 黄线包住最开始的黄套后返回。

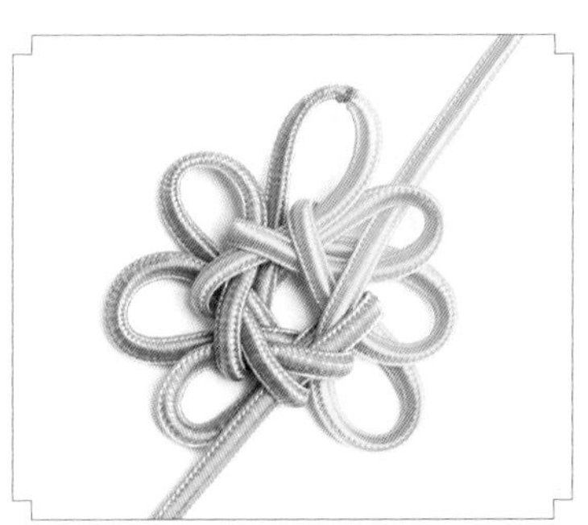

8. 黄线再从下边两个蓝套内穿入，进入到步骤 5 形成的黄色线圈内。

9. 黄线再从下边返回。

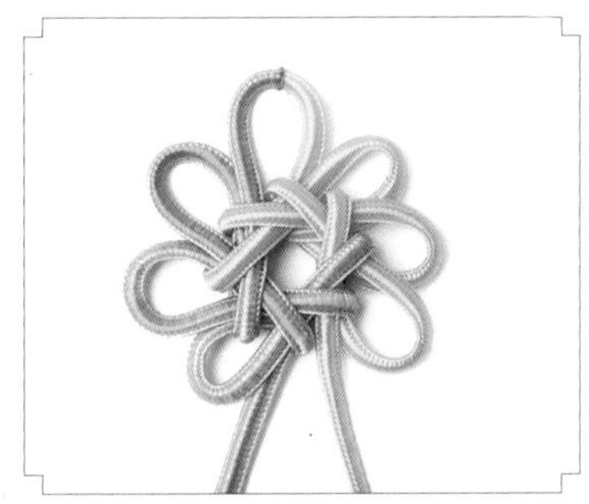

10. 空心八耳团锦结的背面。

11. 调整结形。一个空心八耳团锦结就编好了。

盘长结

盘长结是佛门“八宝”之一，象征贯天地万象，达心物合一。此结盘盘绕绕，丝线相跟相随，寓意连绵不绝、长长久久。

盘长结结体可大可小，可长可方，可以走六线、八线、十线……耳翼也可以随意调整，延伸范围很广，可以变化出很多种结体。

六耳、十耳、十四耳是较基础、简单的盘长结，这里详细地展示了编盘长结两种常用的走线方法，只要掌握了其中的规律，较为复杂的盘长结也可以轻易做出来。

六耳盘长结

制作过程

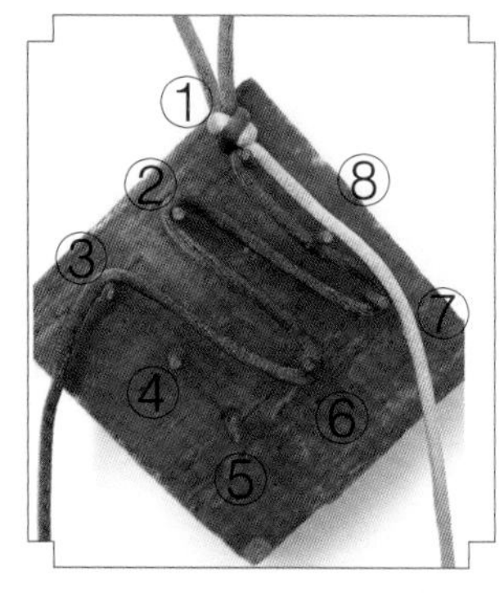

1. 准备一块木板，钉好钉子；将黄、绿两条线对接后编一个双联结，如图挂好线，形成四行斜线。

2. 钩子从③、④中间伸过去，压一挑一，压一挑一，把黄线钩过来挂在④上。

3. 钩子从④、⑤的中间伸过去，如图把黄线钩过来挂在⑤上。

4. 将绿线拉向右上方。

5. 将绿线从①的中间钩回来。

6. 将绿线绕过④，拉向右上方，从⑧的下面钩回来。

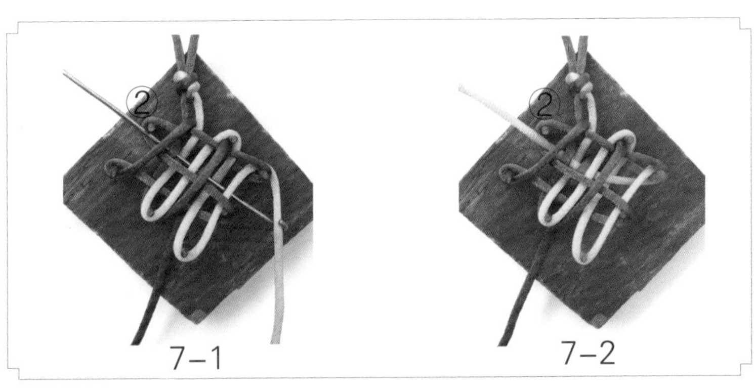

7-1 7-2

7. 钩子从②的中间伸过去，挑二压一，挑三压一，再挑一，把黄线钩向左上方。

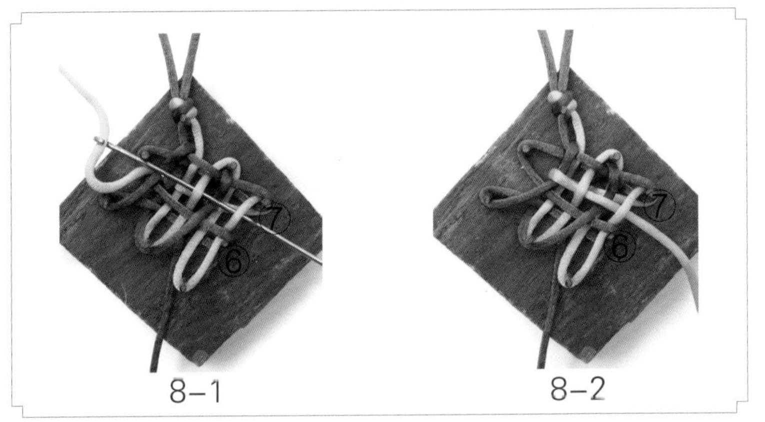

8-1 8-2

8. 钩子从⑥、⑦的中间伸过去，挑一压三，挑一压三，把黄线钩回来。

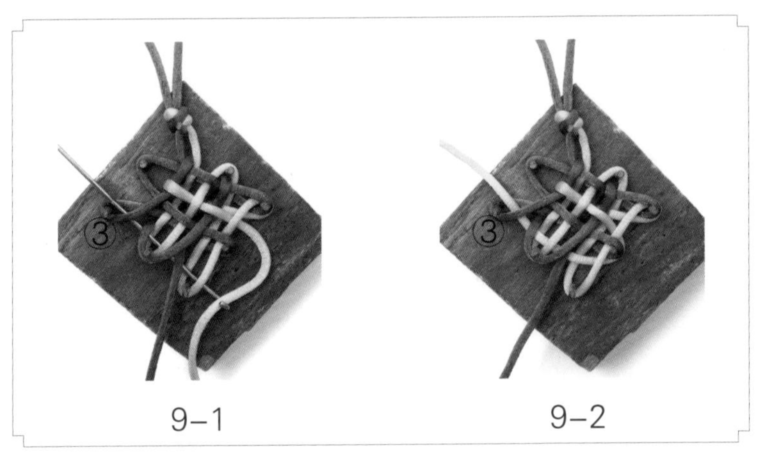

9-1 9-2

9. 钩子从③的中间伸过去，挑二压一，挑三压一，再挑一，把黄线钩向左上方。

10-1

10-2

10. 钩子从⑤、⑥的中间挑一压三，挑一压三，将黄线钩回来。

11.取出结体。

12.按线的走向把线拉紧，调整好6个耳翼的大小。

十耳盘长结

制作过程

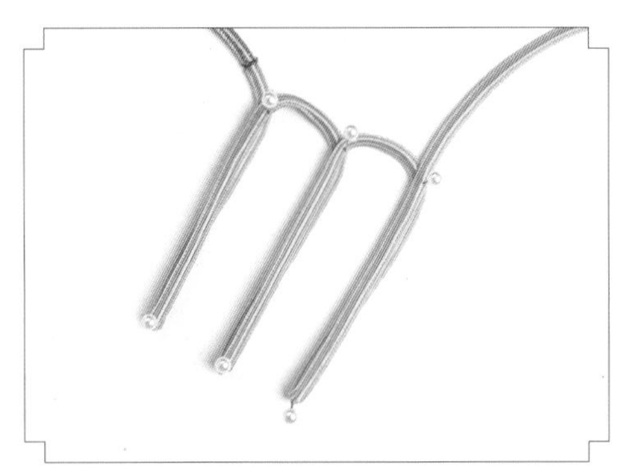

1. 右边的黄线连续做 3 个套。

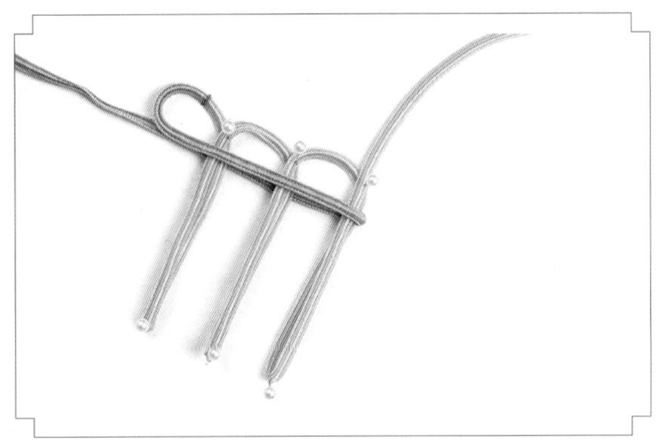

2. 左边的蓝线做第一个包套，包住 3 个黄套。

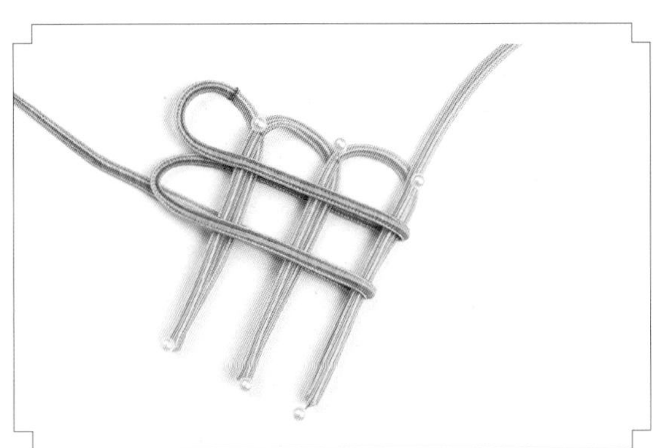

3. 用蓝线做第二个包套。

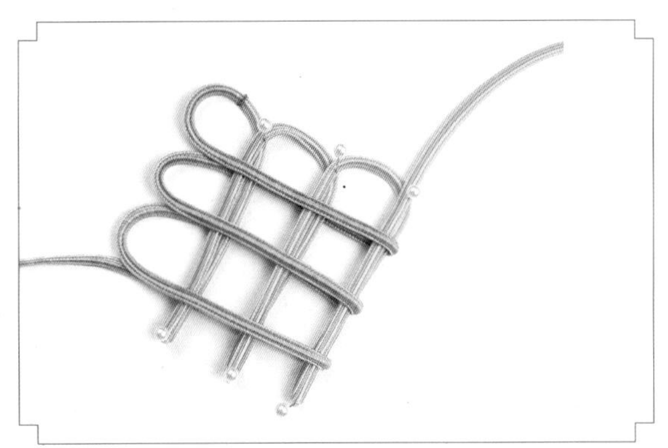

4. 蓝线做第三个包套。

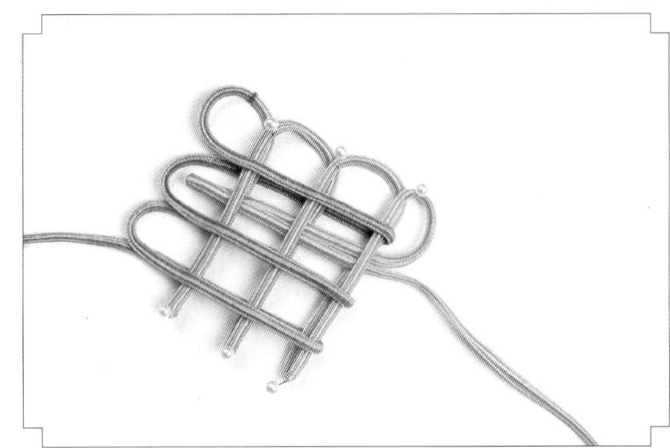

5. 黄线做第一个进套，进到3个黄套中。

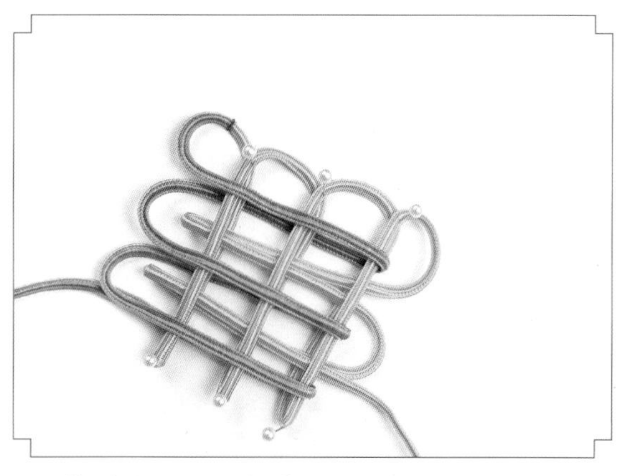

6. 黄线做第二个进套。

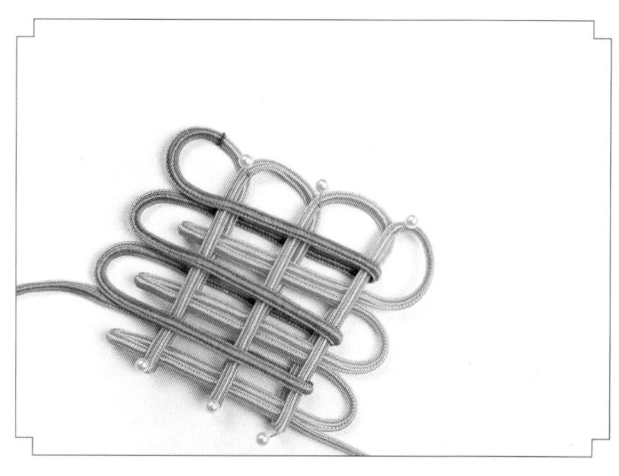

7.黄线做第三个进套。

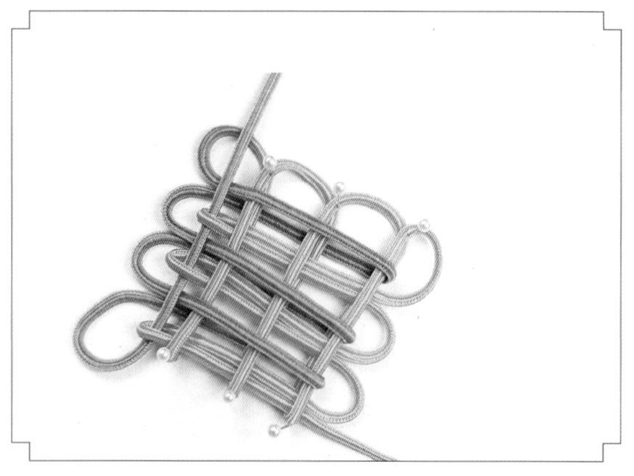

8. 蓝线做进（即从套中穿进去）包（即从套上包抄过去）进包进包，进到三个黄套中。

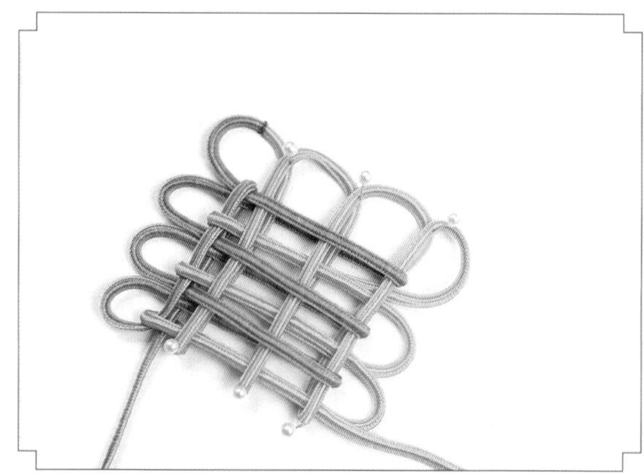

9.蓝线从下边做包进包进包进，从3个黄套中穿出来。

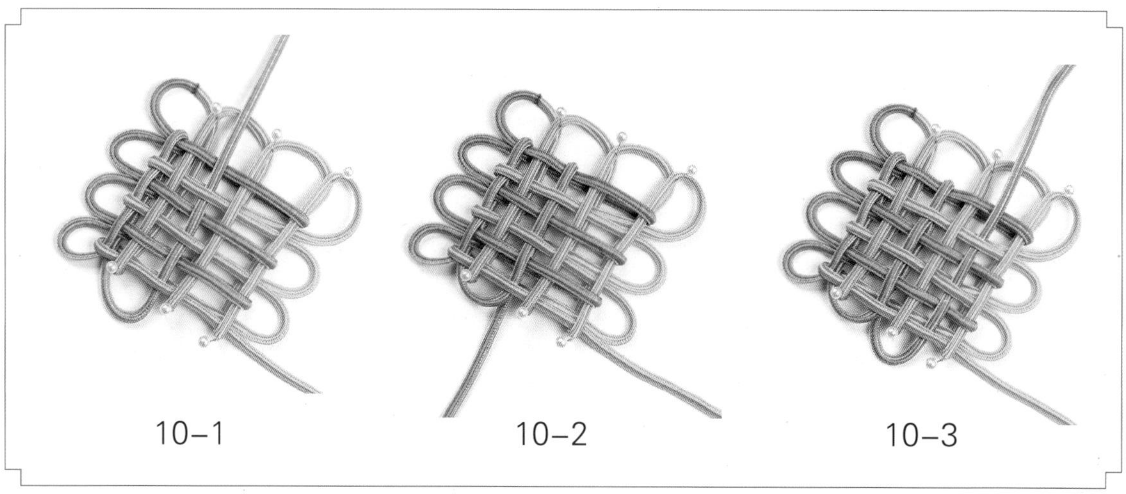

10–1　　10–2　　10–3

10.蓝线参照步骤8~9的方法继续走线。

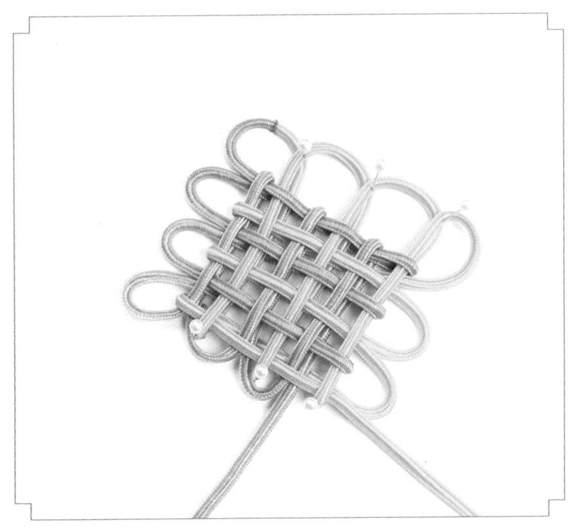

11.蓝线走线完成。

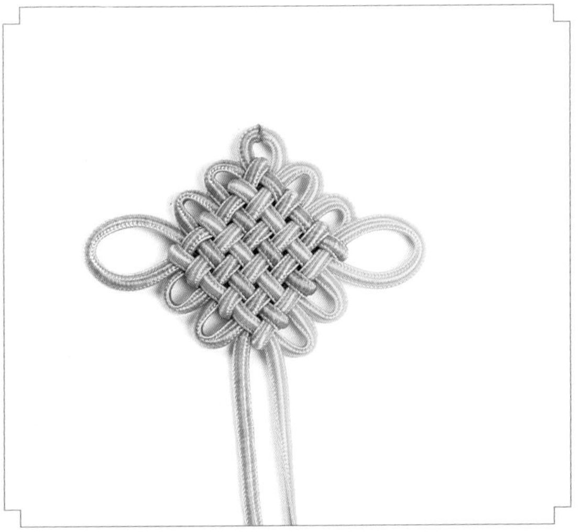

12.把线收紧，把十耳盘长结调整好。

十四耳盘长结

制作过程

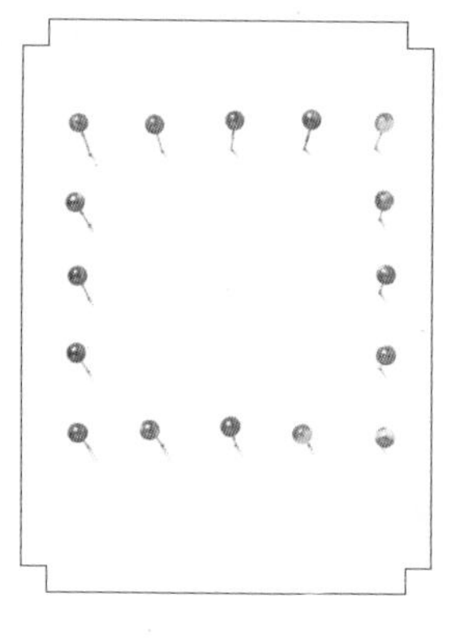

1.用16根大头针插成一个方形。

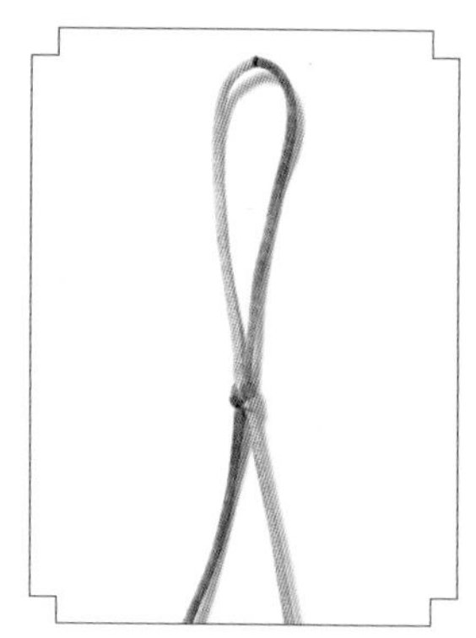

2.先编1个双联结做起头。

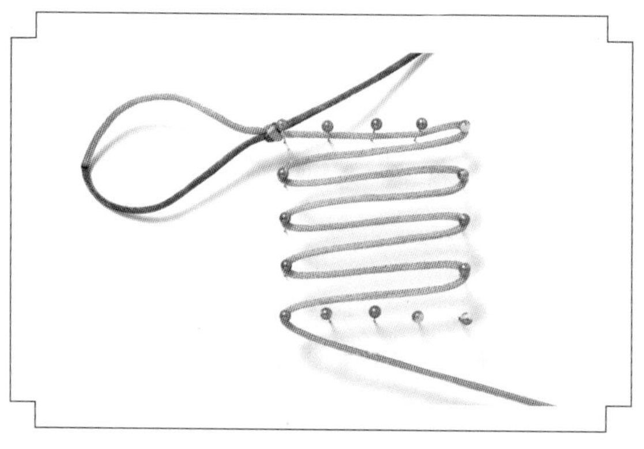

3.黄线走8行横线。

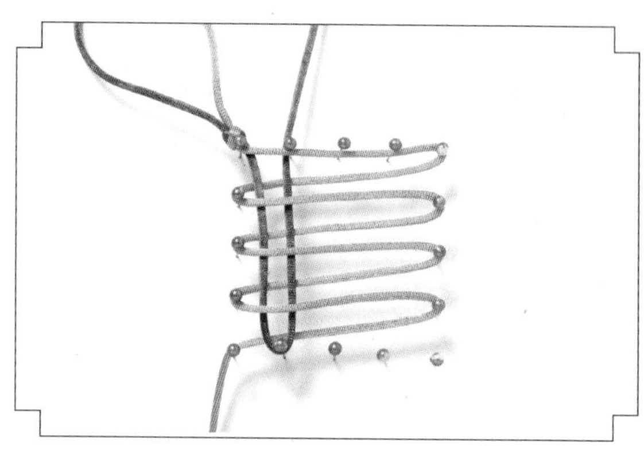

4.绿线挑第一、第三、第五、第七行黄横线，走两行竖线。

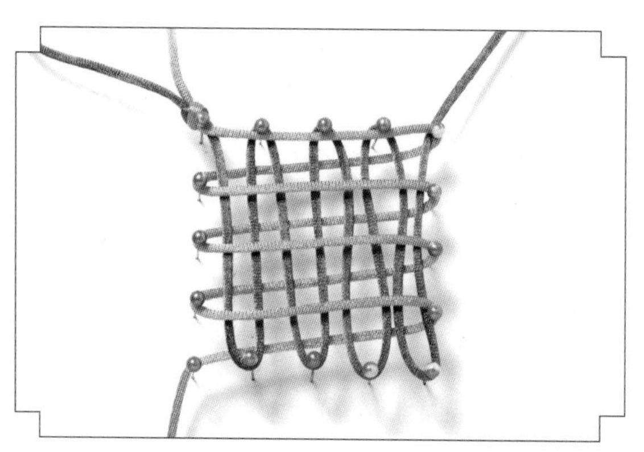

5.绿线仿照步骤4的方法，再做3次。

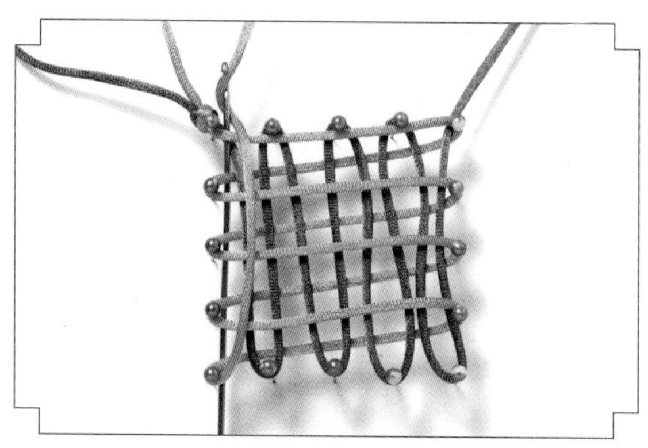

6.将黄线向上折后，用钩针从所有黄横线下面伸过去，钩住黄线。

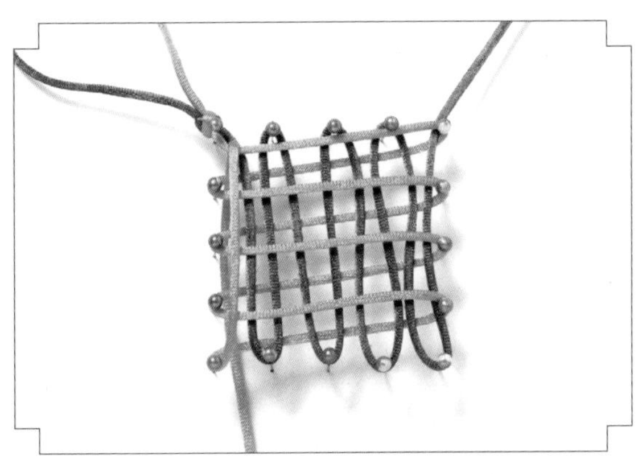

7.把黄线钩向下。

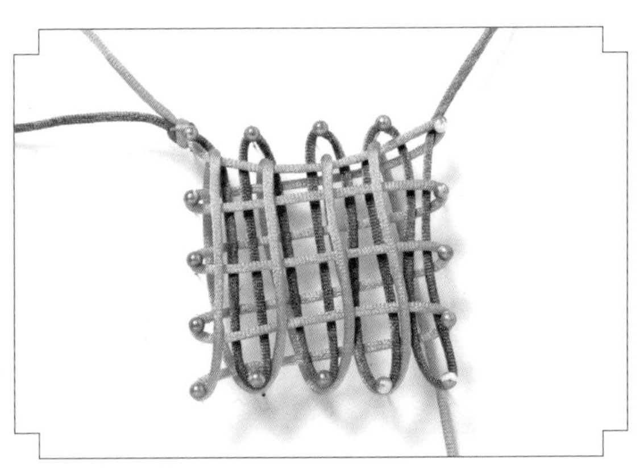

8.黄线仿照步骤6~7的方法，再做3次。

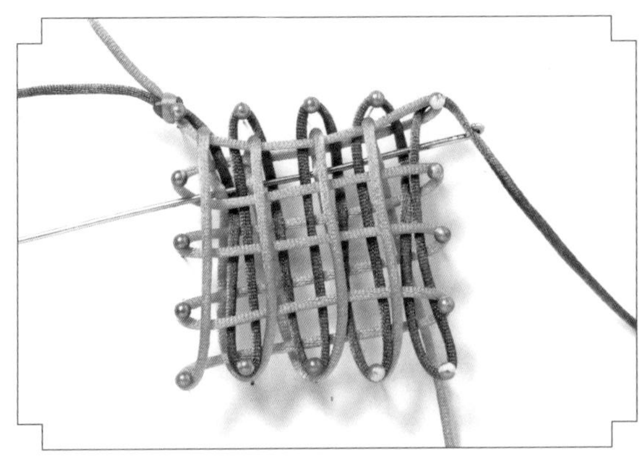

9.钩针挑2线，压1线，挑3线，压1线，挑3线，压1线，挑3线，压1线，挑1线，钩住绿线。

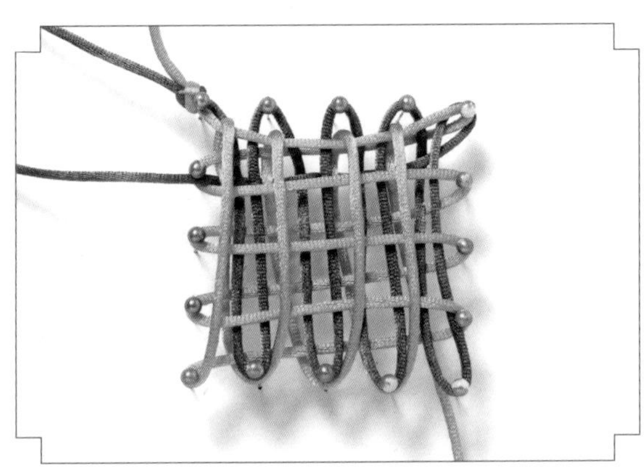

10.把绿线钩向左。

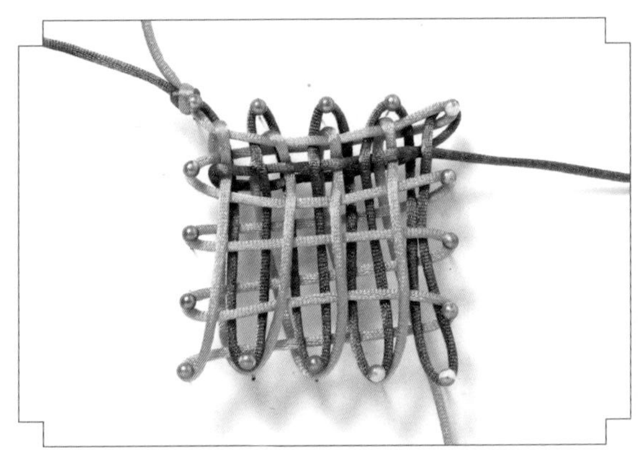

11.用钩针挑第八、第六、第四、第二行绿竖线，把绿线钩向右。

12.绿线仿照步骤9~11的做法，再做3次。

13.从大头针上取下结体。

14.确定并拉出14个耳翼，调整好结形。

复翼盘长结

复翼长盘结是由盘长结变化而来的，编好后可将耳翼拉成大小不同的形状，结型美观、应用广泛，可做成各种挂饰、坠饰。

制作过程

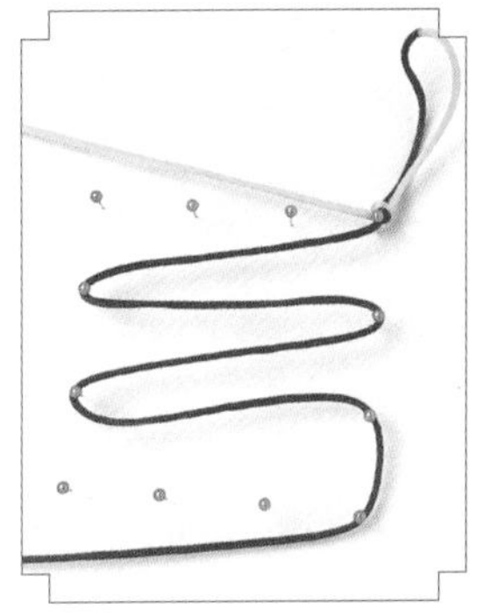

1. 用12根大头针插成方形，紫线如图挂线。

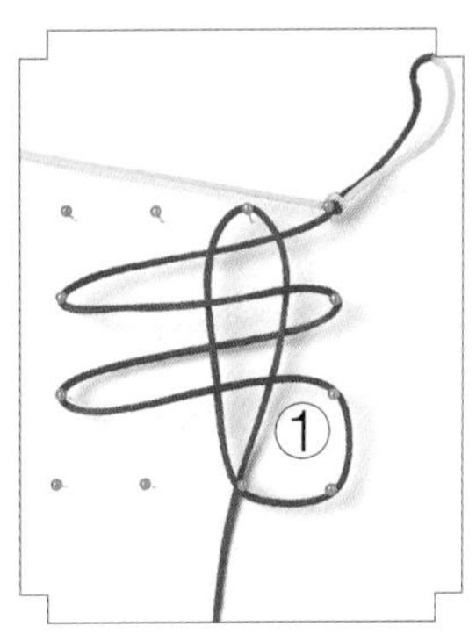

2. 钩出右边第一个耳翼①。

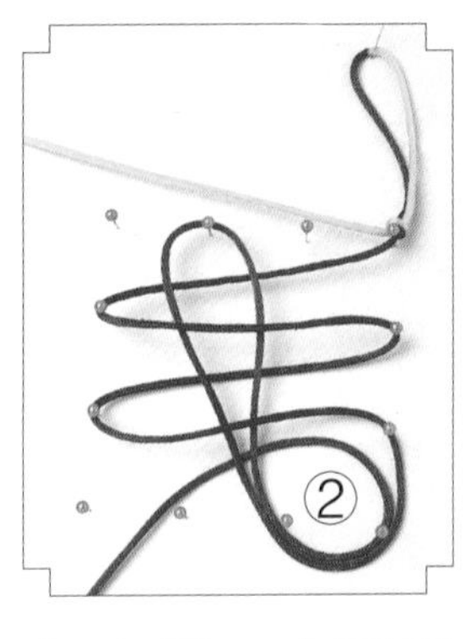

4. 在第一个耳翼内绕出第二个耳翼②。

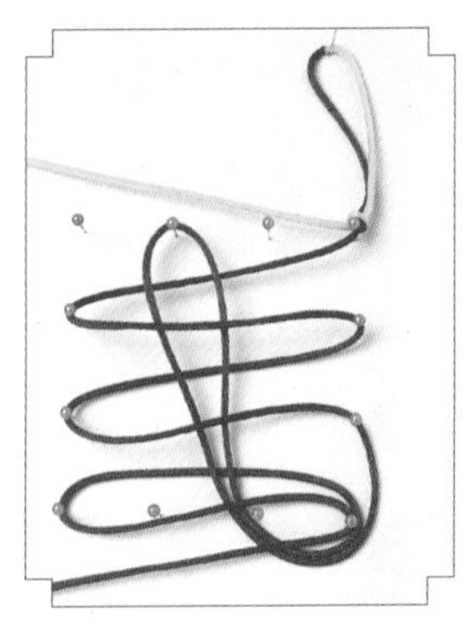

5. 走第五、第六行线。

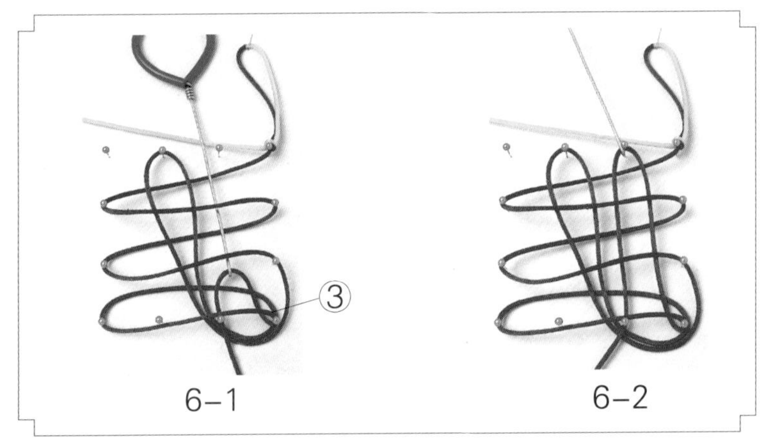

6. 钩出右边第三个耳翼③。

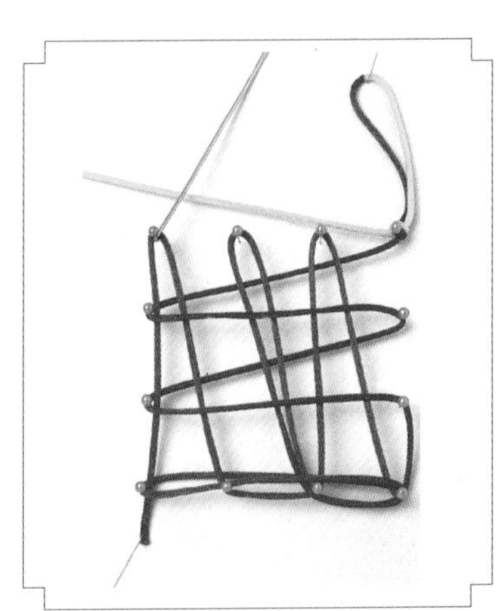

7. 紫线的走向。

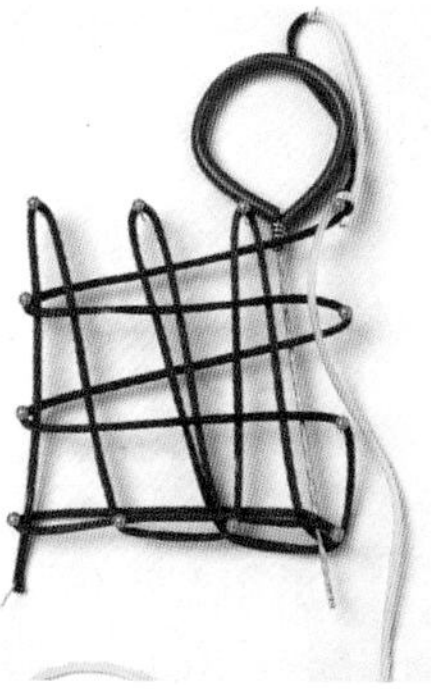

8-1 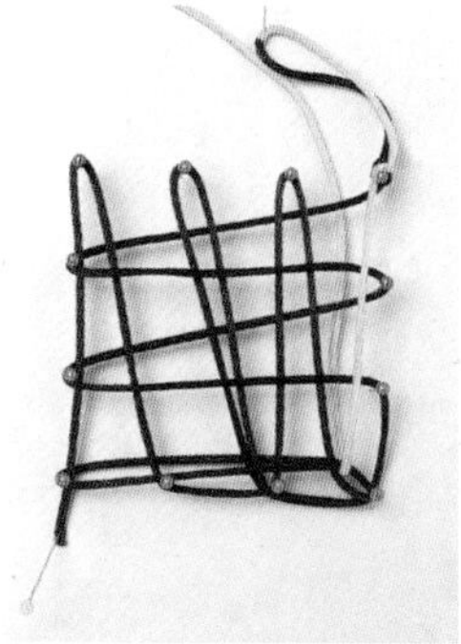　　8-2 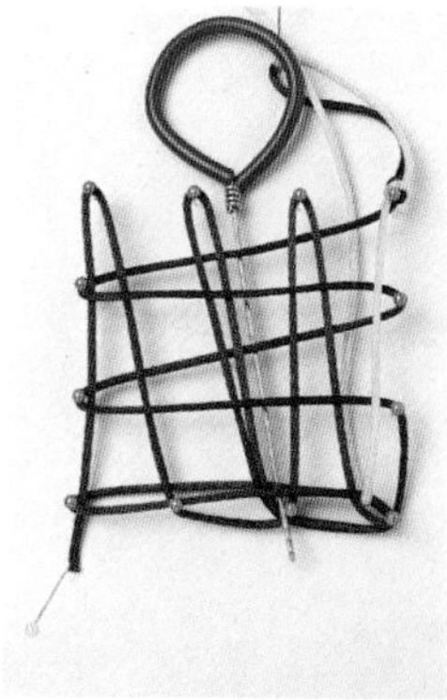　　8-3

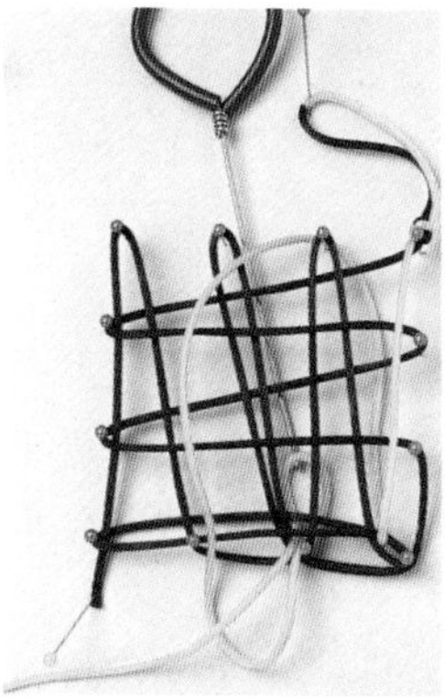

8-4 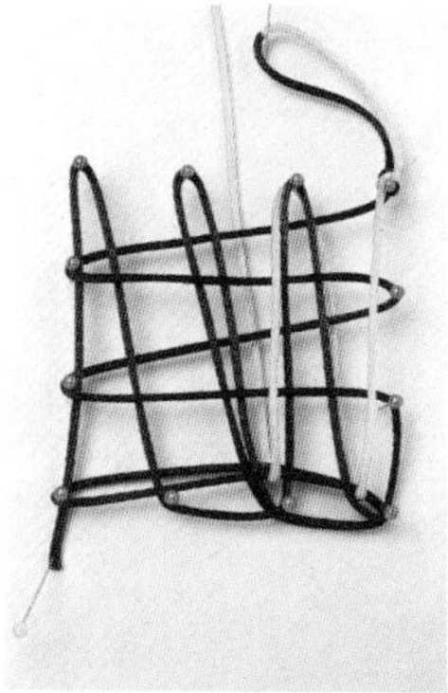　　8-5 　　8-6

8. 黄线的做法跟紫线一样。

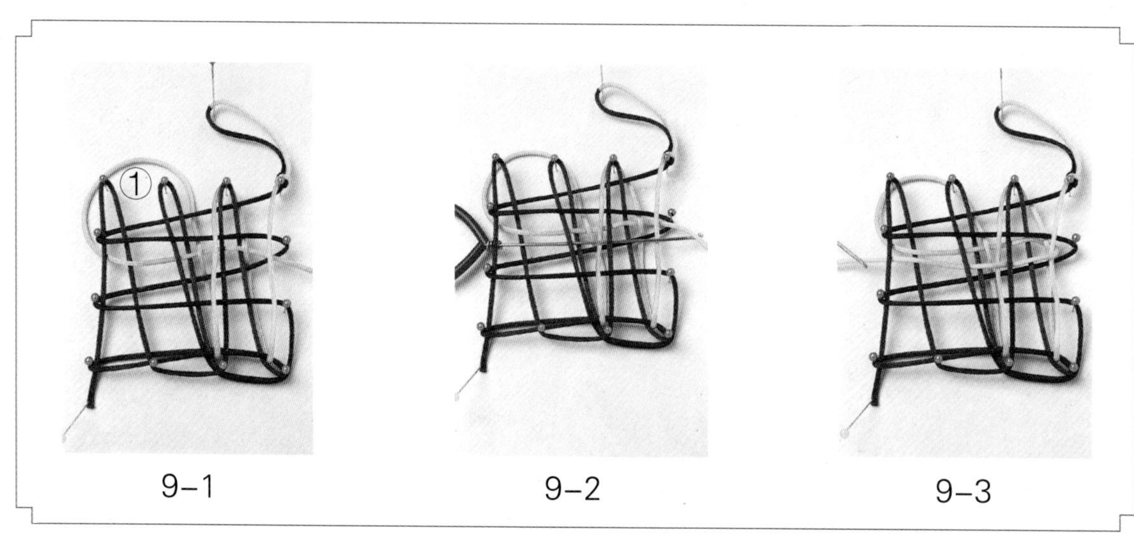

9-1　　9-2　　9-3

9. 钩出左边第一个耳翼①。

10-1 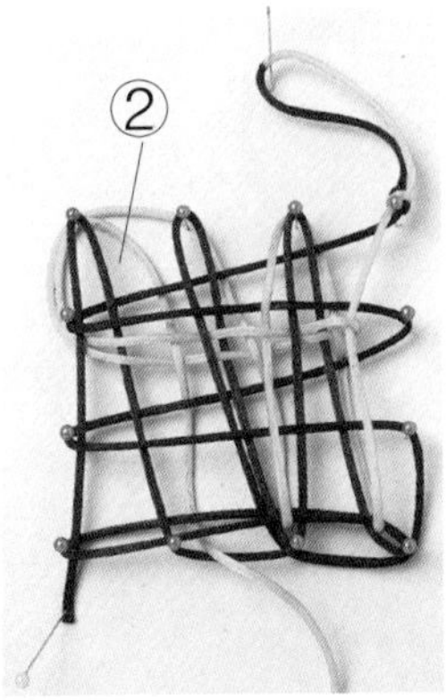　　10-2 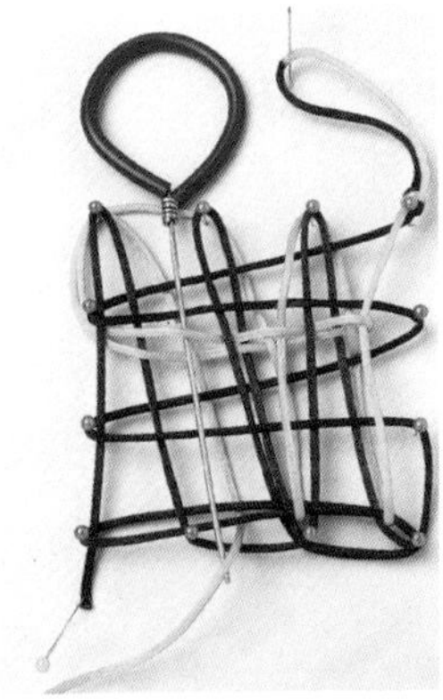　　10-3

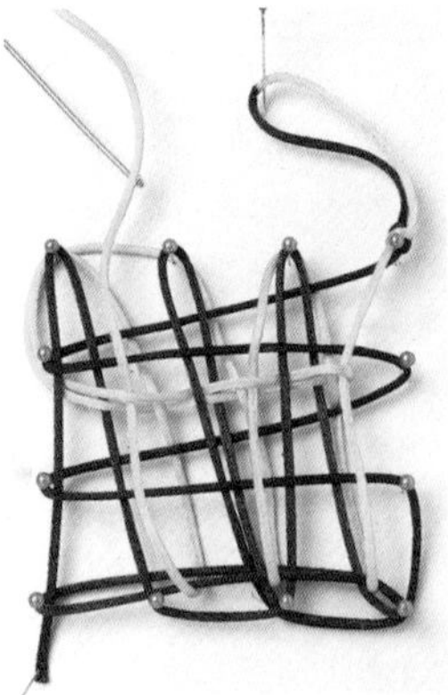

10-4 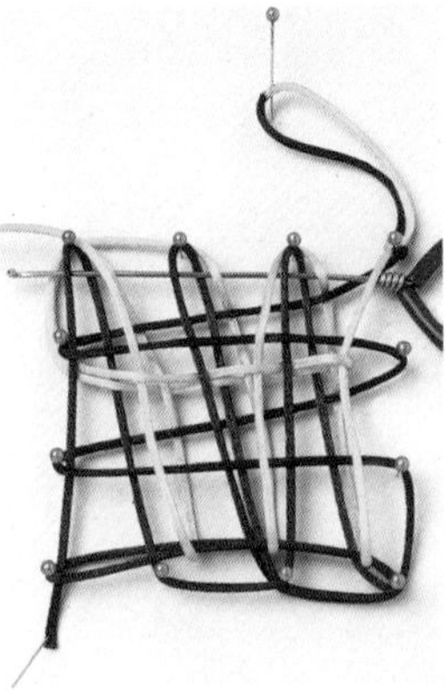　　10-5

10. 钩出左边第二个耳翼②。

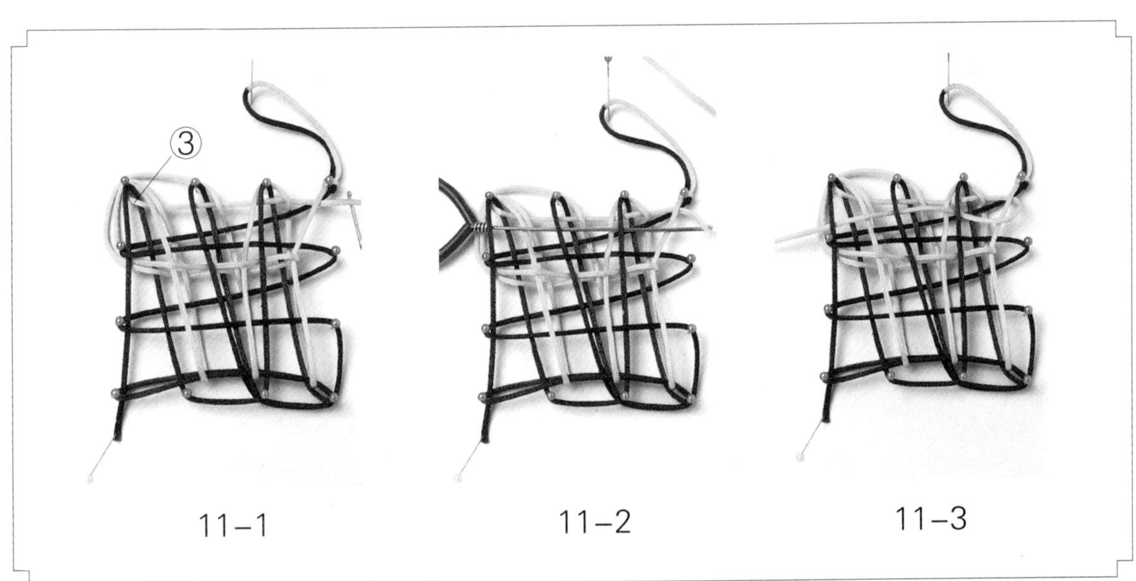

11-1　　11-2　　11-3

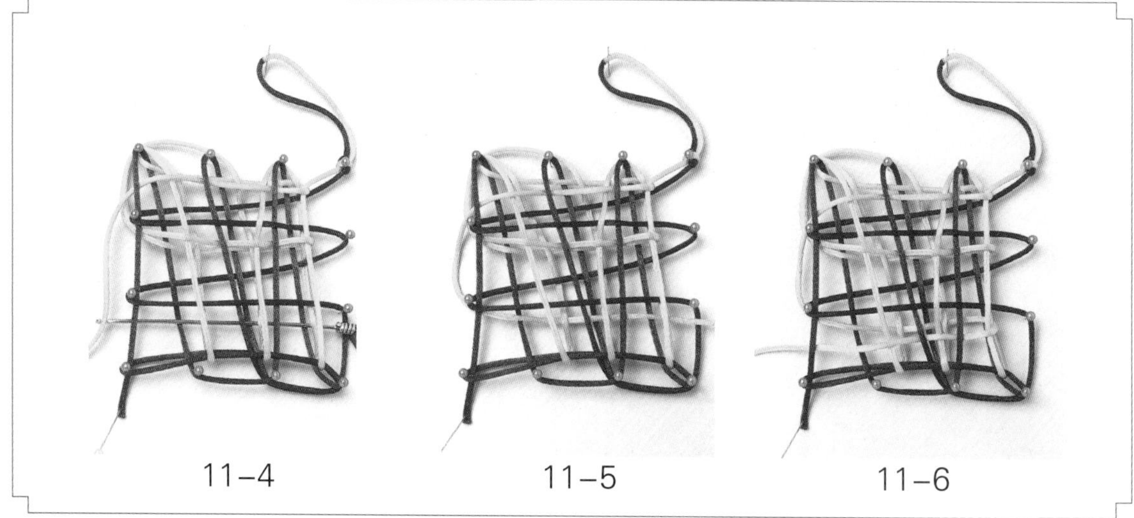

11. 钩出左边第三个耳翼③。

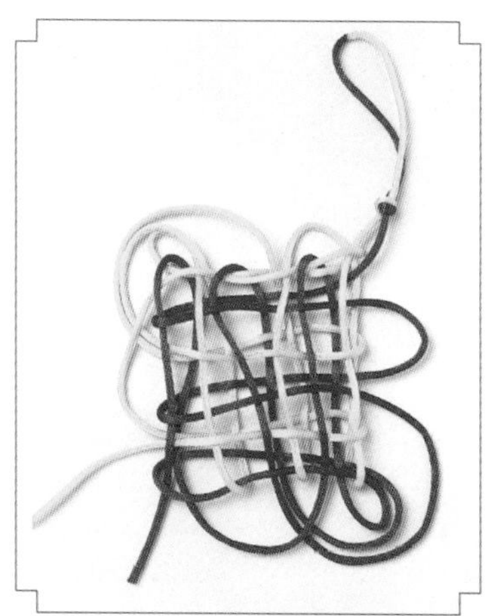

12. 取出结体。

13. 调整好结形即可。

鲤鱼结

鲤鱼结从盘长结变化而来，外观形似鲤鱼，有着金玉满堂、鱼跃龙门、家有余庆的含义，常用于制作大中型的室内挂饰。

制作过程

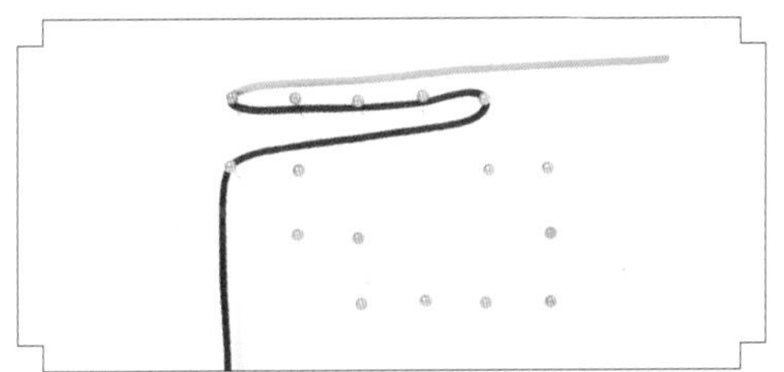

1.红线走两行横线。

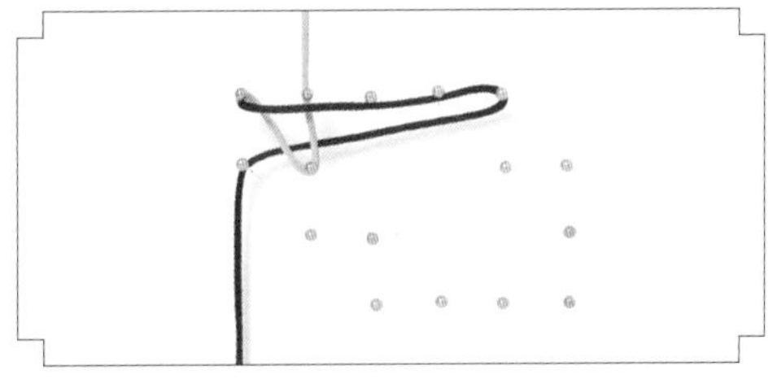

2.黄线走两行竖线。

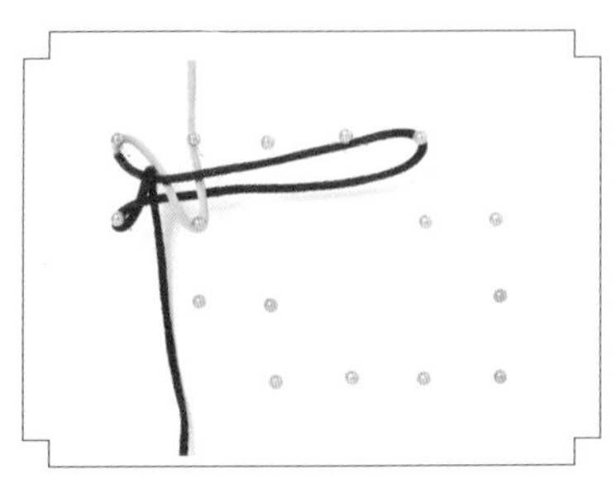

3.红线一去一回走两行竖线，套住两行横线。

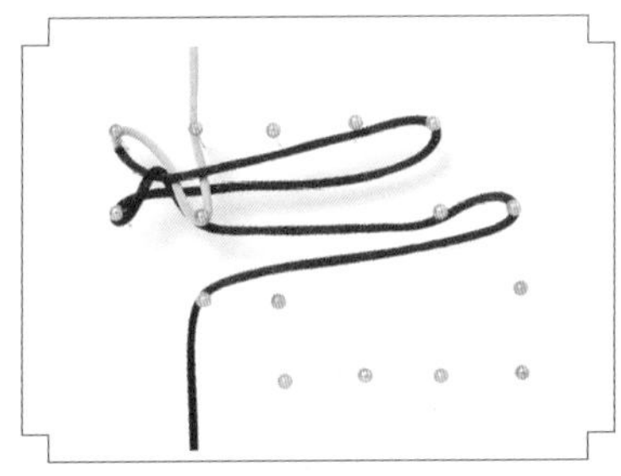

4.红线同样再走两行横线。

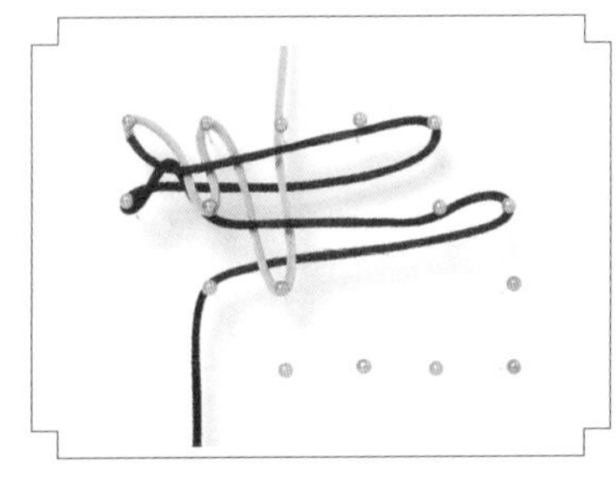

5.黄线再走两行竖线。

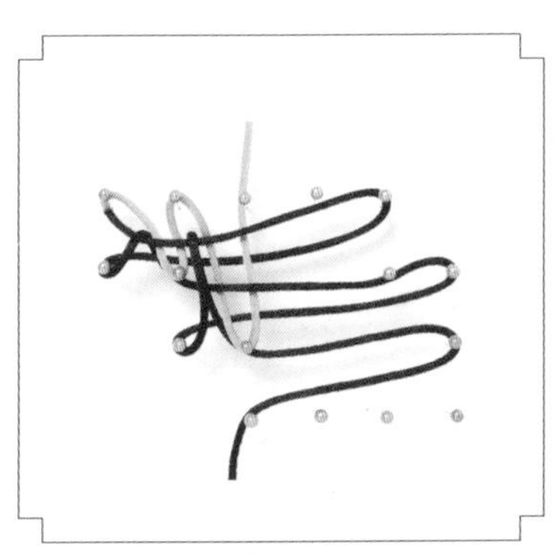

6.红线走两行竖线，套住四行横线，然后再走两行横线。

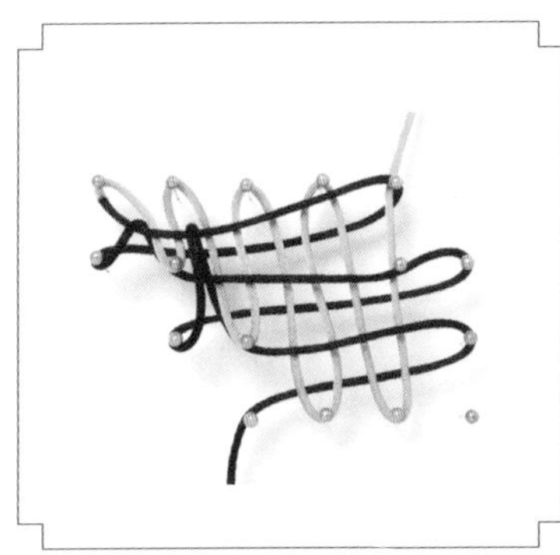

7.黄线走四行竖线。

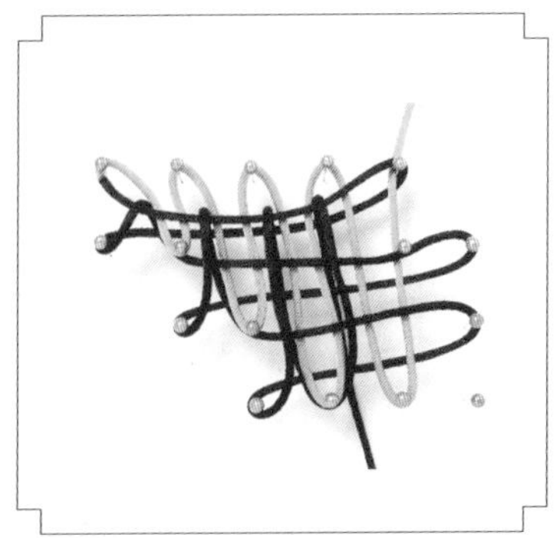

8.红线走四行竖线，套住横线。

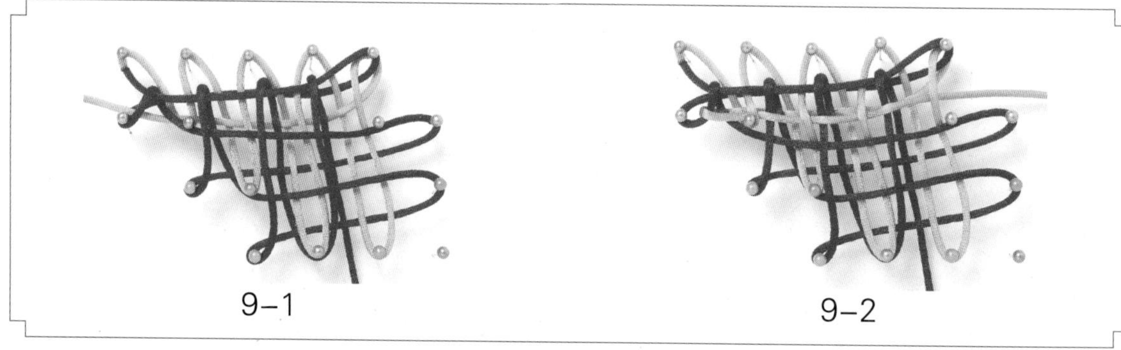
9–1　9–2

9.黄线走两行横线，进到黄竖线中，套住红竖线。

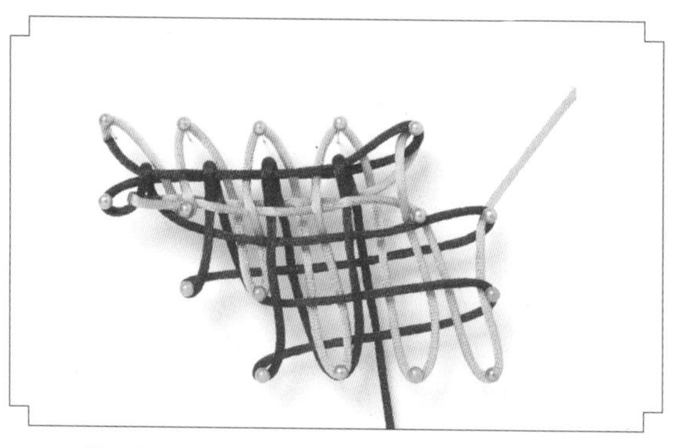

10.黄线再走两行竖线，套在下面的四行红横线中。

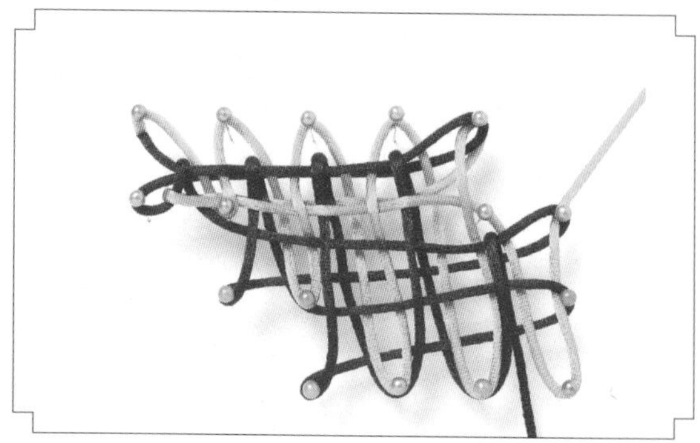

11.红线走两行竖线。

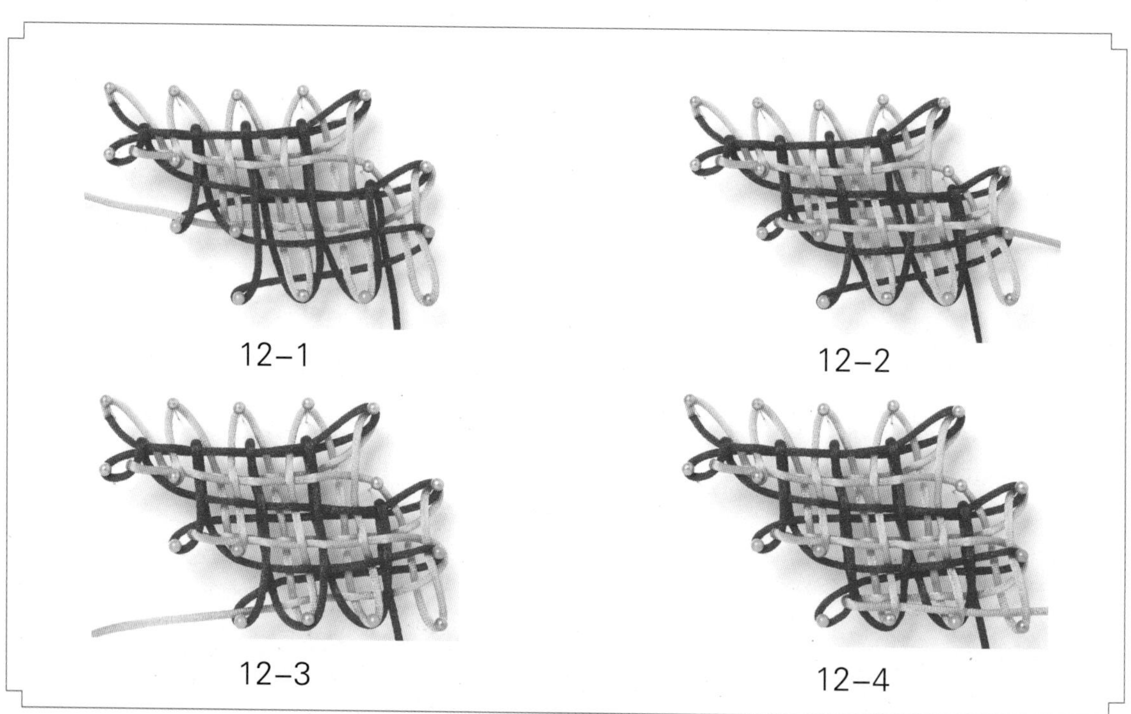
12–1　12–2　12–3　12–4

12.黄线仿照步骤9中的走线方法，如图走四行横线。

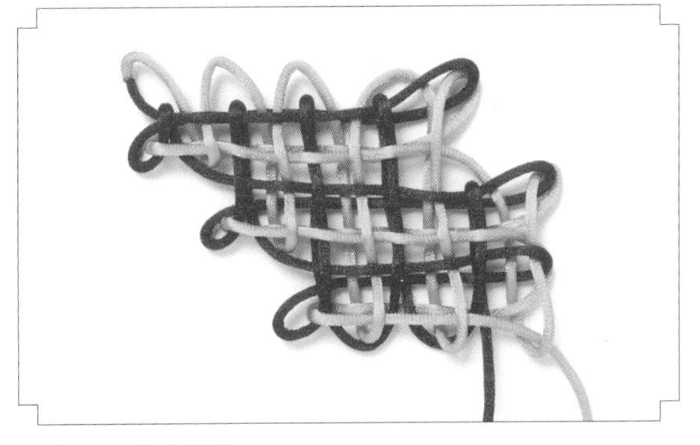

13.取出结体。

14.调整成形。

15.将多余的线剪掉，然后如图另外穿一条线做鱼鳃，并在鱼的头部粘上活动眼珠即可。

同心结

同心结由十耳盘长结和酢浆草结组合而成，常用来编挂饰，寓意两情相悦、夫妻同心。

制作过程

1. 用 12 根大头针插成一个方形。

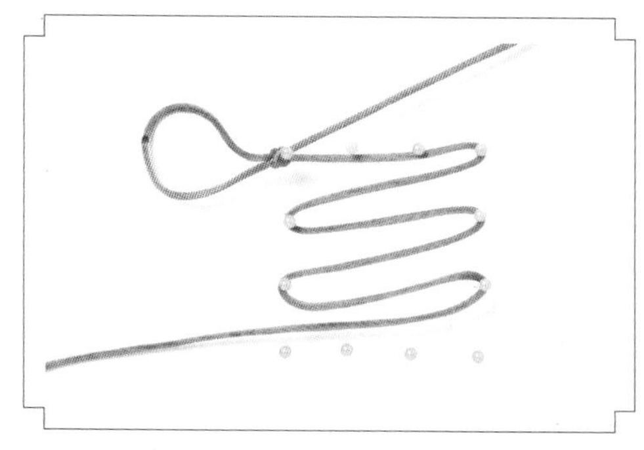

2. 绿线在大头针上绕出 6 行横线。

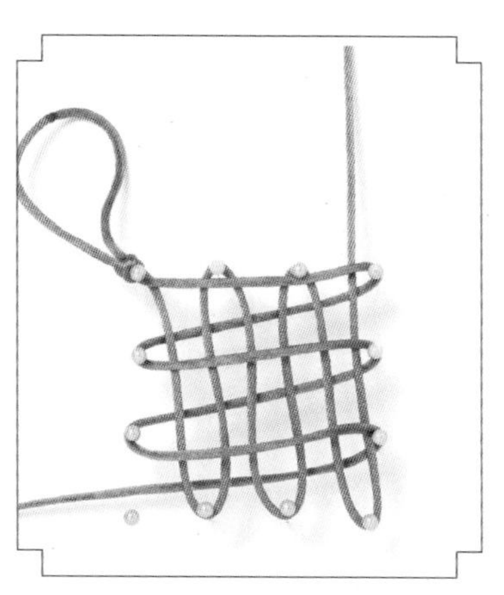

3. 粉线挑第一、第三、第5行绿横线，绕出6行竖线。

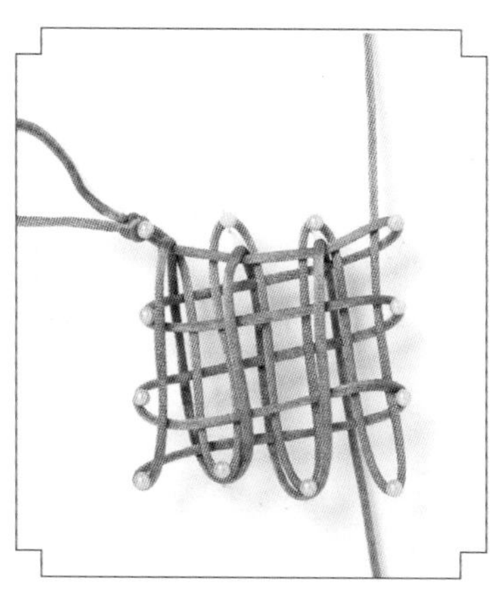

4. 绿线包住所有的横线，分别走6行竖线。

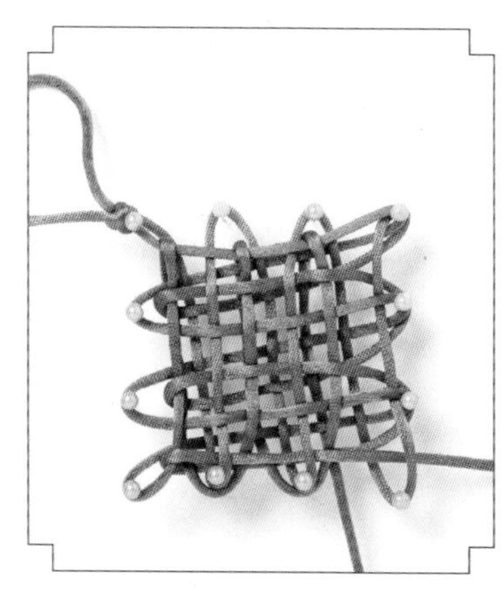

5. 粉线如图走6行横线。

6.从大头针上取出结体。

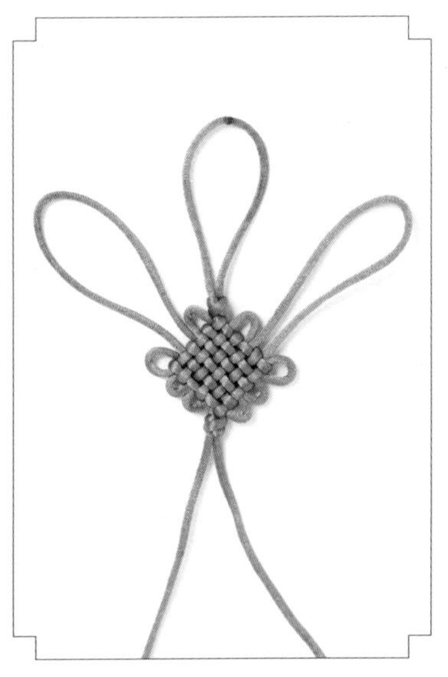

7.调整结形，分别拉长两侧的一个耳翼。

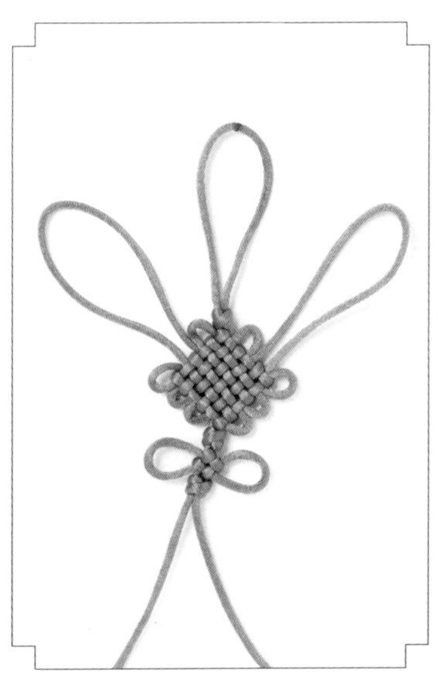

8.在盘长结下面依次打双联结、酢浆草结、双联结。（注意：把酢浆草结两侧的耳翼拉大一些。）

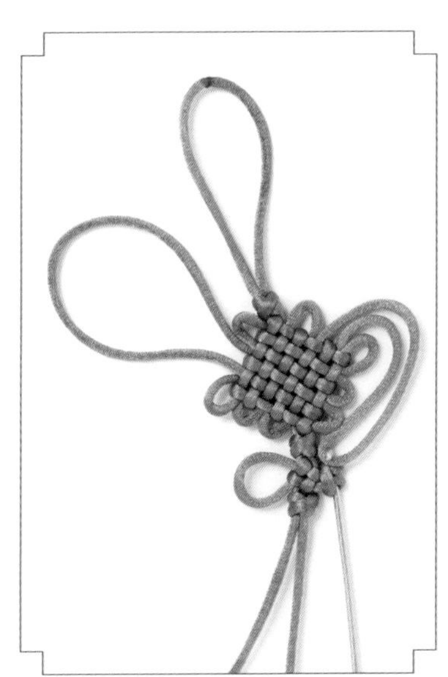

9.把酢浆草结右侧的耳翼弯起来做一个圈，钩针从圈中伸过去，钩住上面的长耳翼。

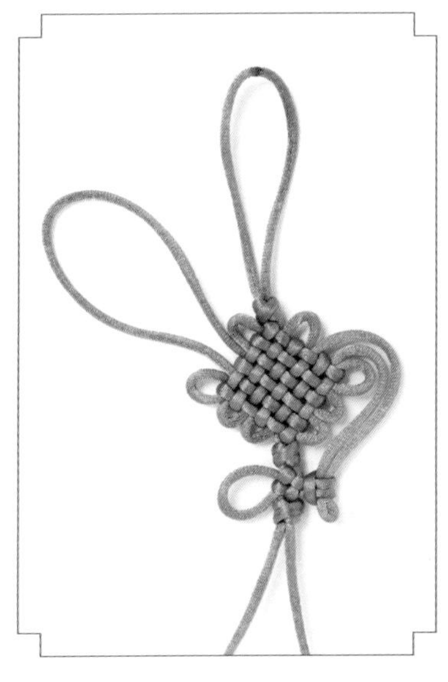

10.把右边的长耳翼钩向下。

11.左边仿照右边的做法编结。这样，一个同心结就制作完成了。

一字盘长结

一字盘长结因结形似“一”字而得名，是盘长结的变体，其编法与盘长结大致相同，唯一不同的是两条线最后在结体的中间部分会合。

制作过程

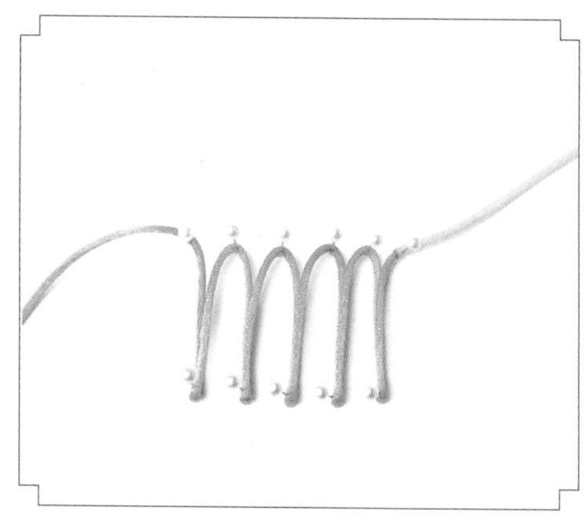

1. 用蓝线做 5 个长短一致的竖套。

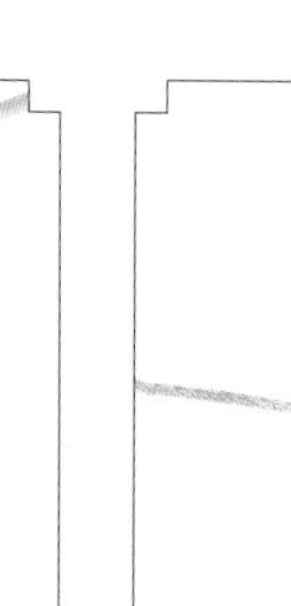

2. 黄线在右边同样做 5 个竖套。

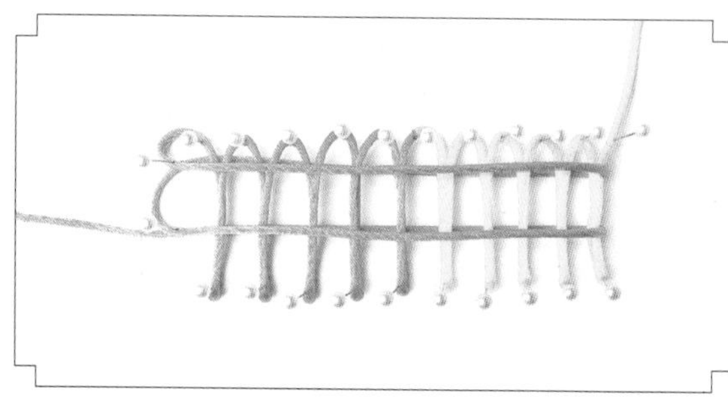

3. 蓝线做两个横向的包套，包住之前做好的 10 个竖套。

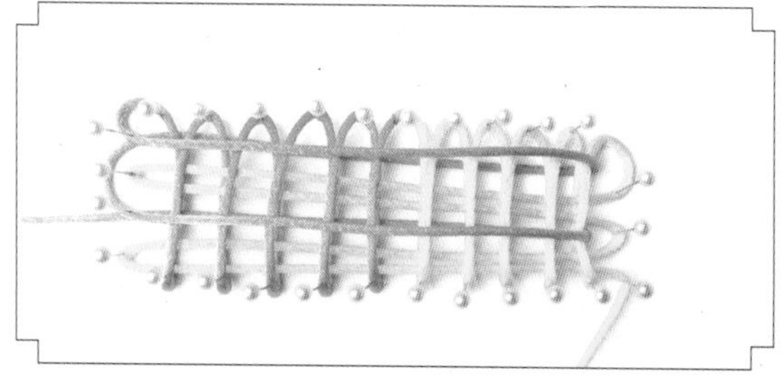

4. 黄线做两个横向的进套，进到之前做好的 10 个竖套内。

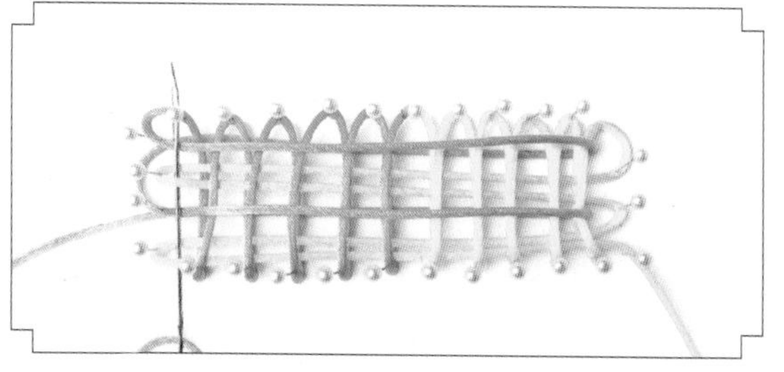

5. 蓝线进黄套，包蓝套后进黄套，再穿入左上方的耳内。

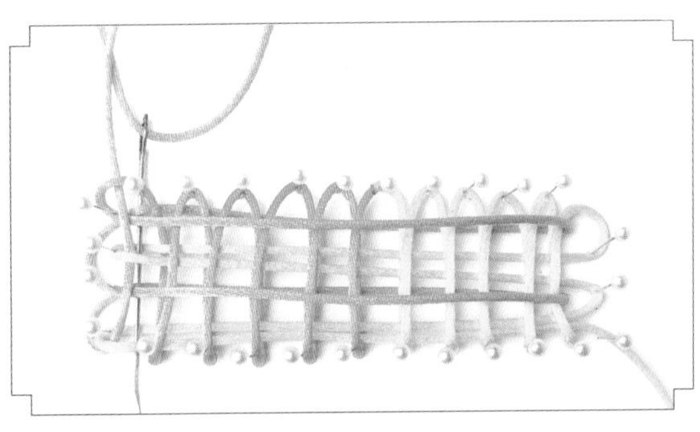

6. 蓝线从下面包蓝套进黄套后返回。

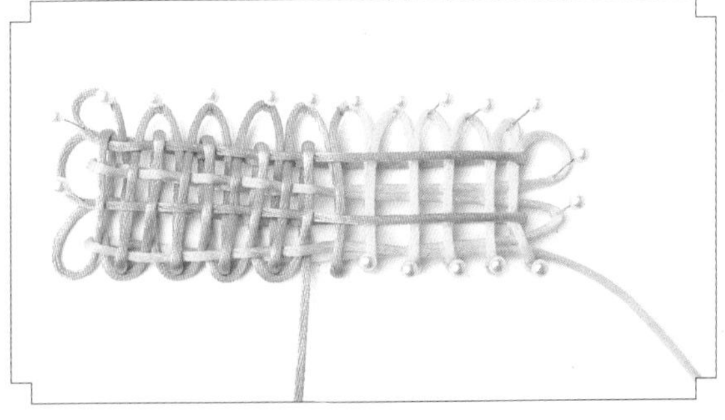

7. 蓝线重复步骤 5~6 的做法，再做 4 个竖套。

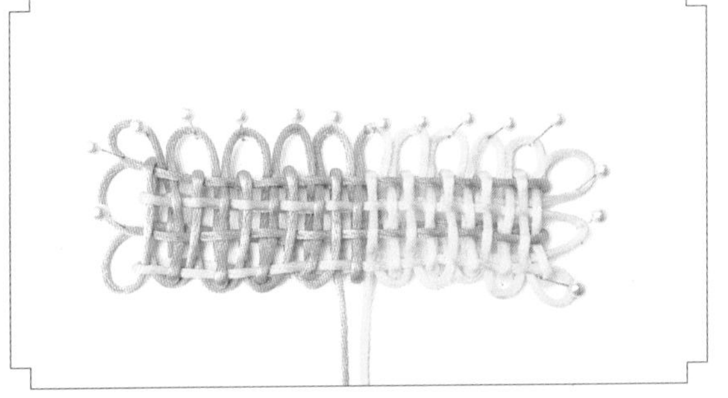

8. 黄线仿照蓝线的做法，走线完成。

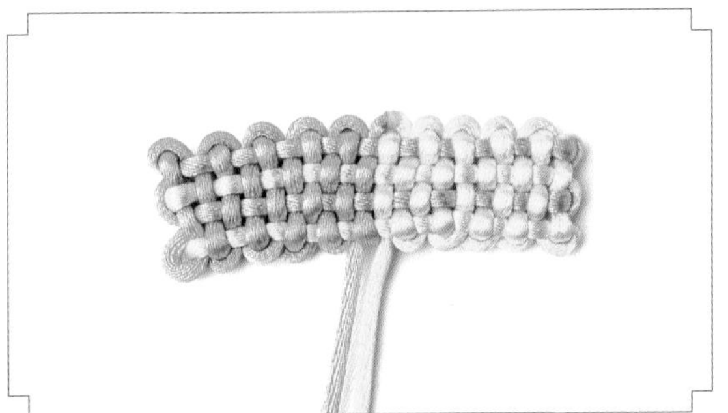

9. 将一字盘长结的结形调整好。

酢浆草盘长结

此结由盘长结和酢浆草结组合而成，编结时在盘长结两侧各编一个酢浆草结即可。

制作过程

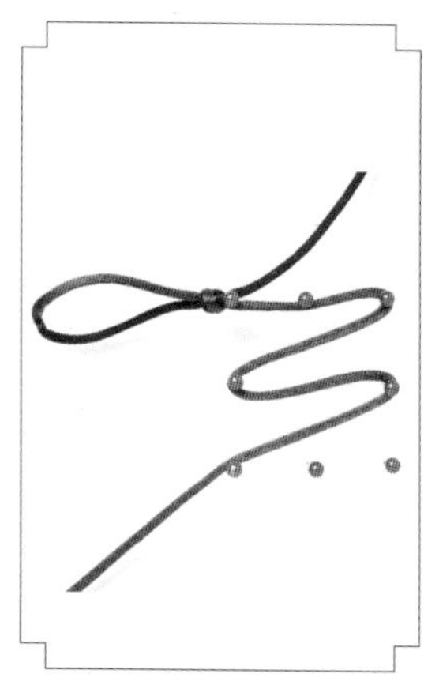

1. 绿线在大头针上绕出4行横线。

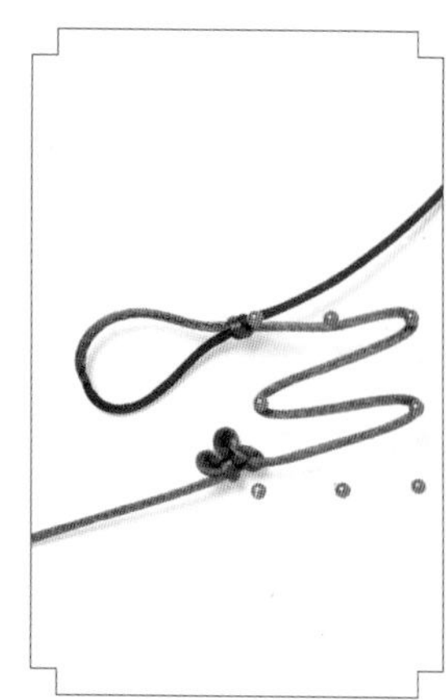

2. 绿线打1个酢浆草结。

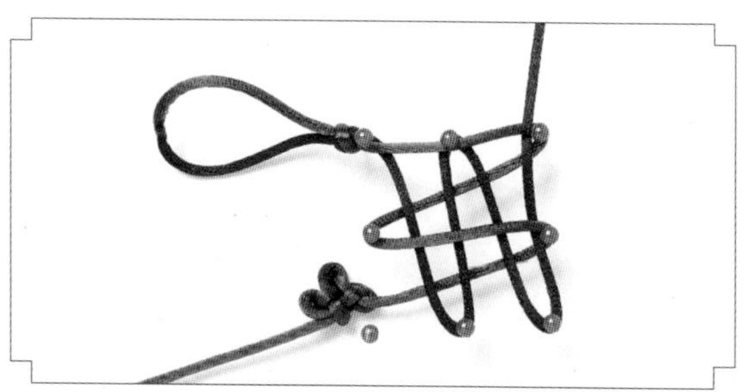

3. 红线挑第一、第三行横线，走4行竖线。

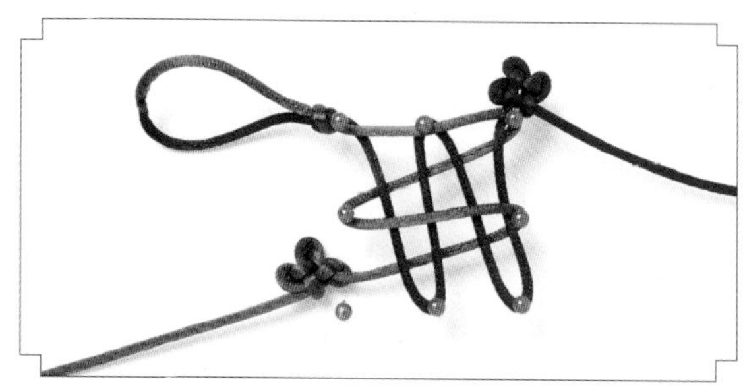

4. 红线也打1个酢浆草结。

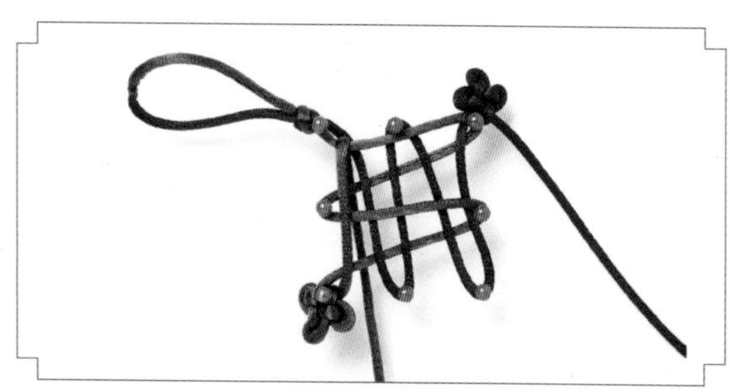

5. 绿线拉向上，然后用钩针把绿线从四行横线的下面钩向下。

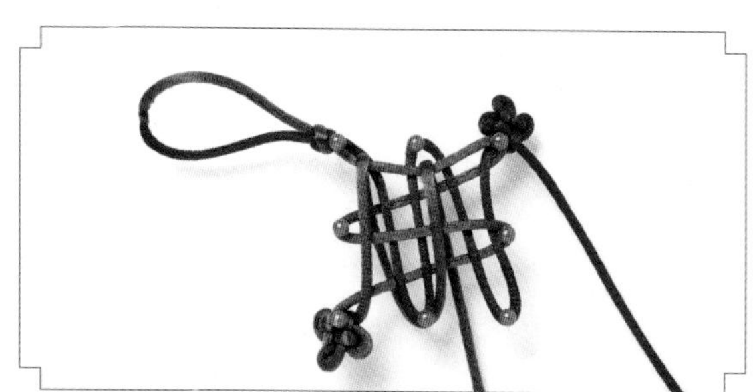

6. 绿线仿照步骤5的方法再做一次。

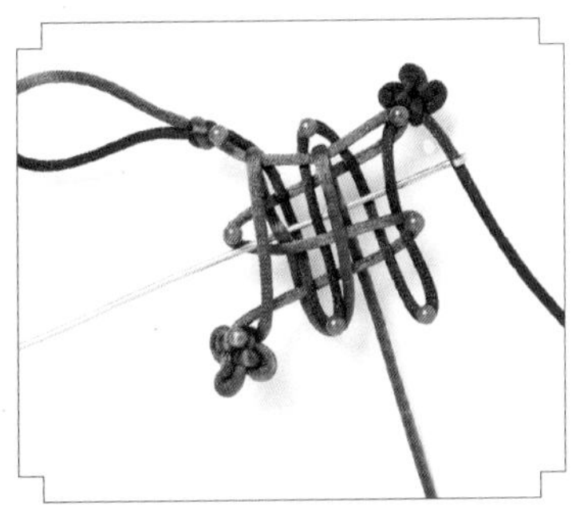

7. 钩针挑2线，压1线，挑3线，压1线，挑1线，钩住红线。

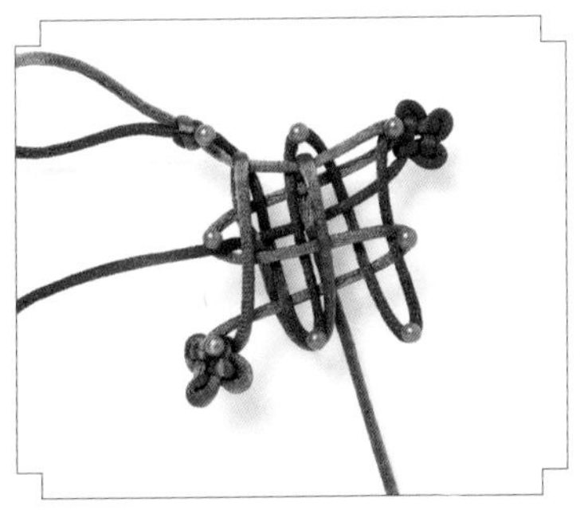

8. 把红线钩向左。

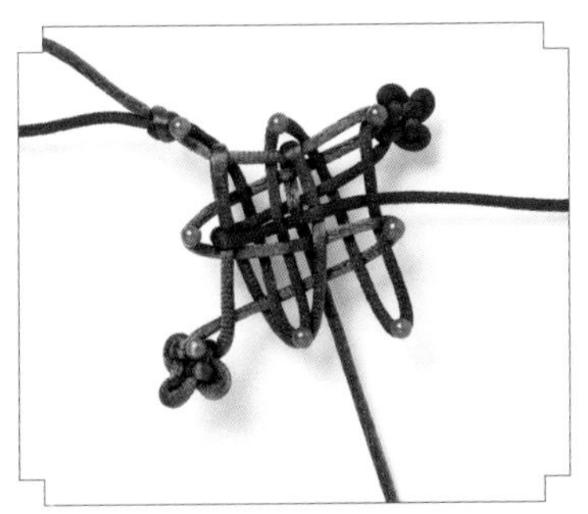

9. 如图与步骤7逆序地把红线钩向右。

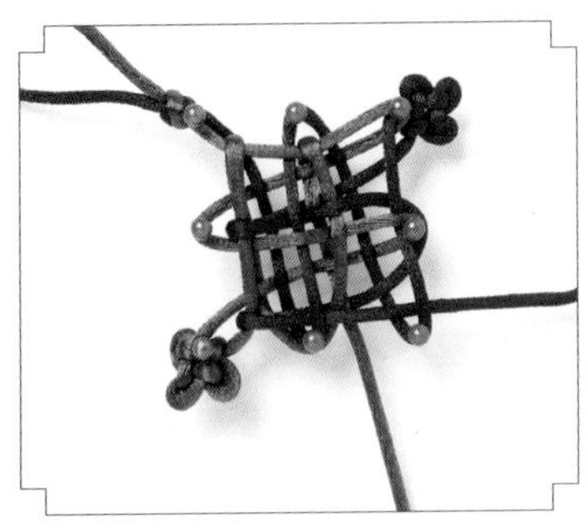

10. 红线仿照步骤7~9的方法再做一次。

11. 取出结体。

12. 调整好结体。

单翼磬结

磬是一种打击乐器，也是一种吉祥物。磬结因形似磬而得名，“磬”与“庆”同音，所以也象征吉庆。

磬结由两个长形盘长结交叉编制而成，延伸范围很广，可以变化出很多种结体。

制作过程

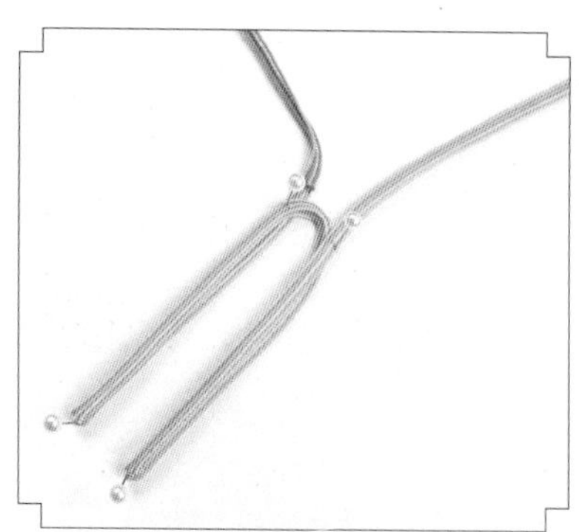

1.黄线做两个长套。

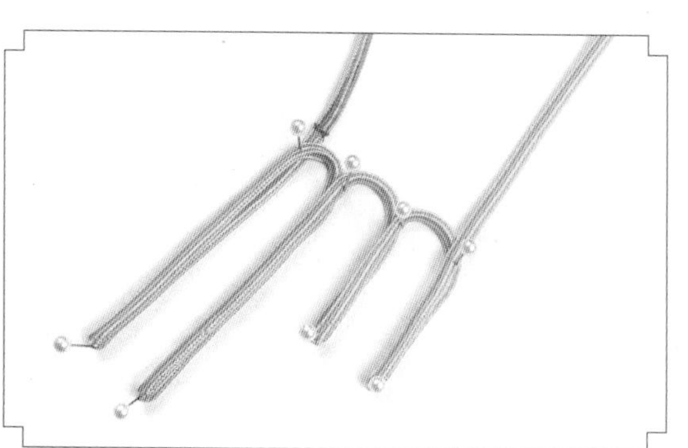

2.黄线再做两个短套。

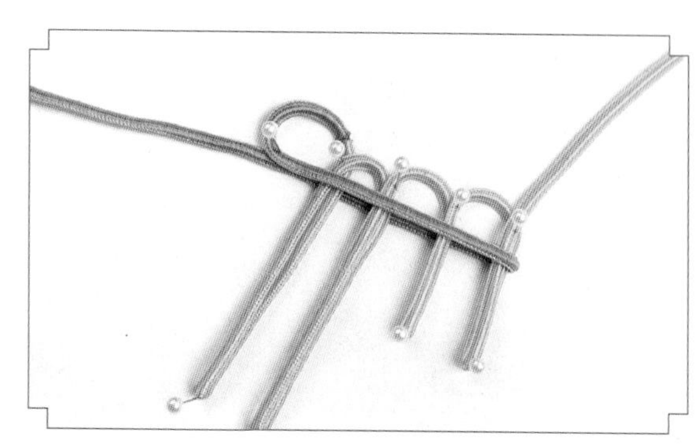

3.蓝线做一个长套，包住刚才做好的四个黄套。

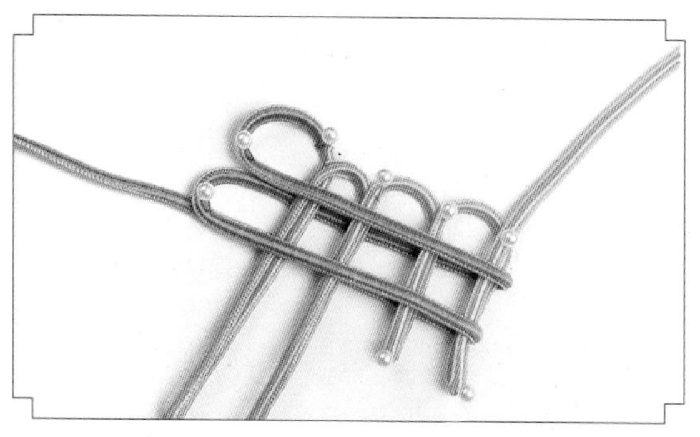

4.蓝线重复步骤3的做法，再做一个长套。

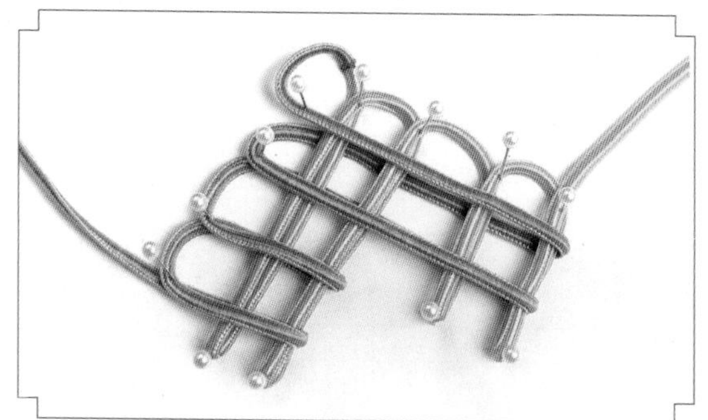

5.蓝线再做两个短套，包住两个长的黄套。

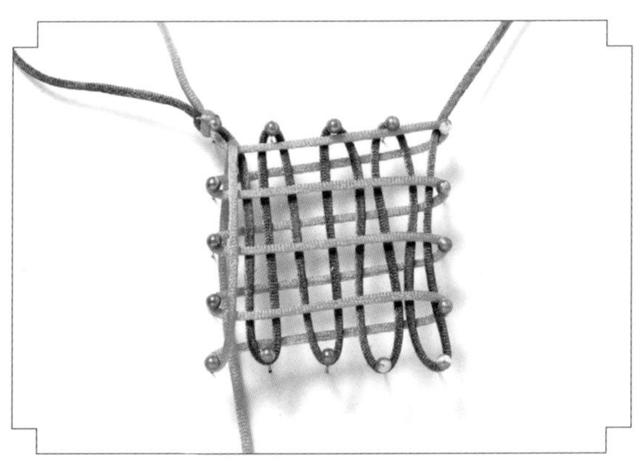

7.把黄线钩向下。

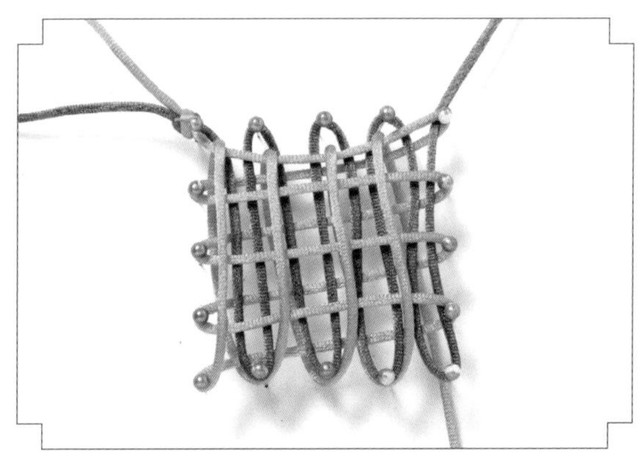

8.黄线仿照步骤6~7的方法，再做3次。

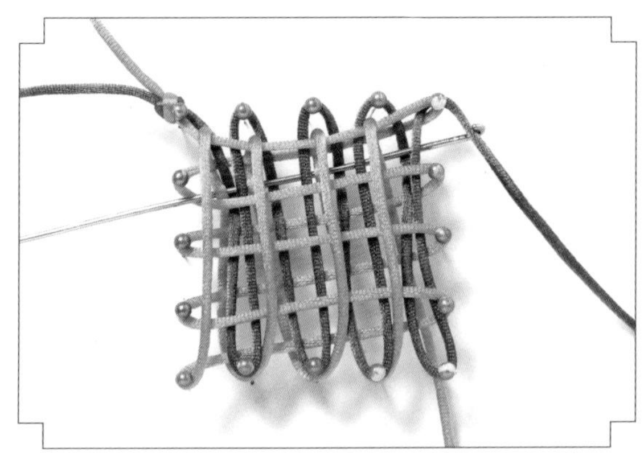

9.钩针挑2线，压1线，挑3线，压1线，挑3线，压1线，挑3线，压1线，挑1线，钩住绿线。

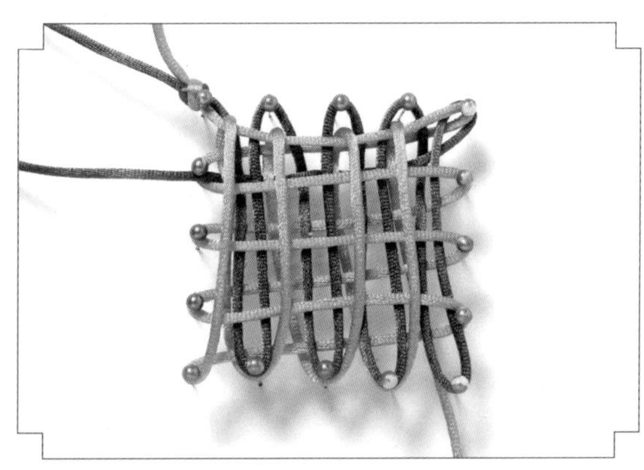

10.把绿线钩向左。

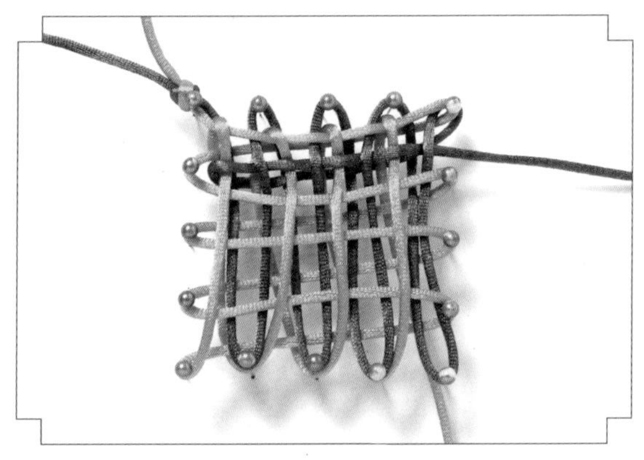

11.用钩针挑第八、第六、第四、第二行绿竖线，把绿线钩向右。

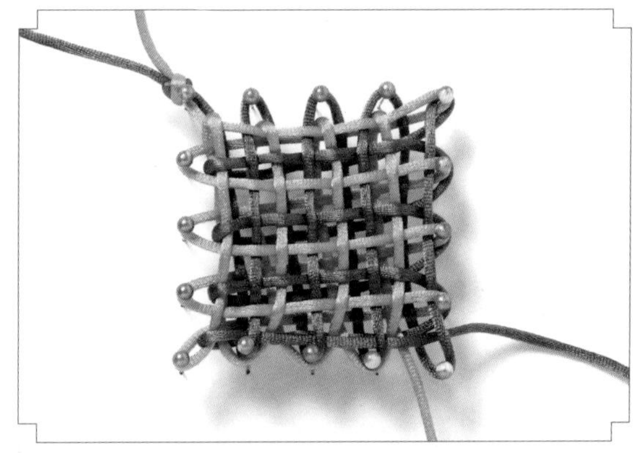

12.绿线仿照步骤9~11的做法，再做3次。

13.从大头针上取下结体。

14.确定并拉出14个耳翼，调整好结形。

复翼盘长结

复翼长盘结是由盘长结变化而来的，编好后可将耳翼拉成大小不同的形状，结型美观、应用广泛，可做成各种挂饰、坠饰。

制作过程

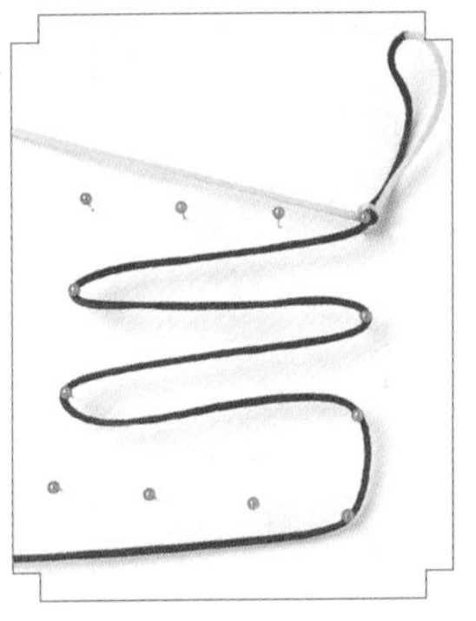

1. 用12根大头针插成方形，紫线如图挂线。

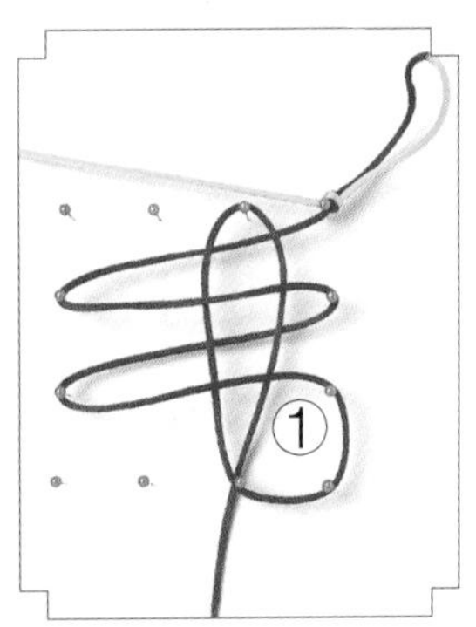

2. 钩出右边第一个耳翼①。

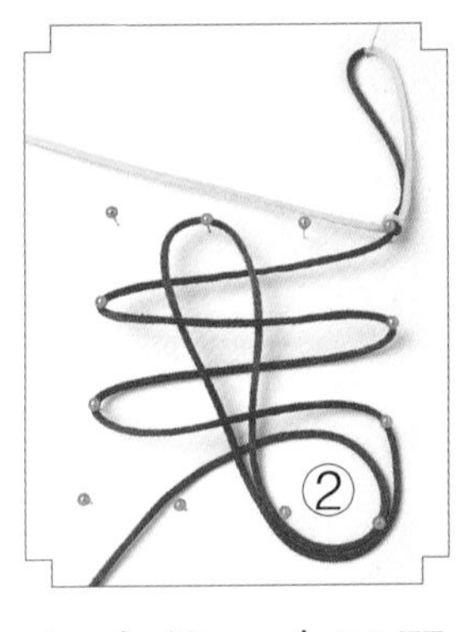

4. 在第一个耳翼内绕出第二个耳翼②。

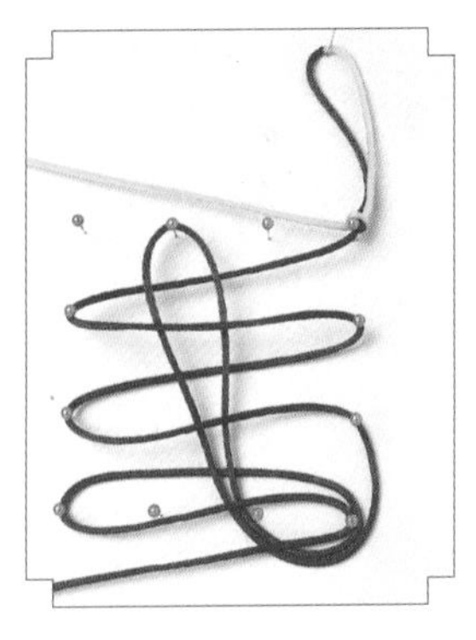

5. 走第五、第六行线。

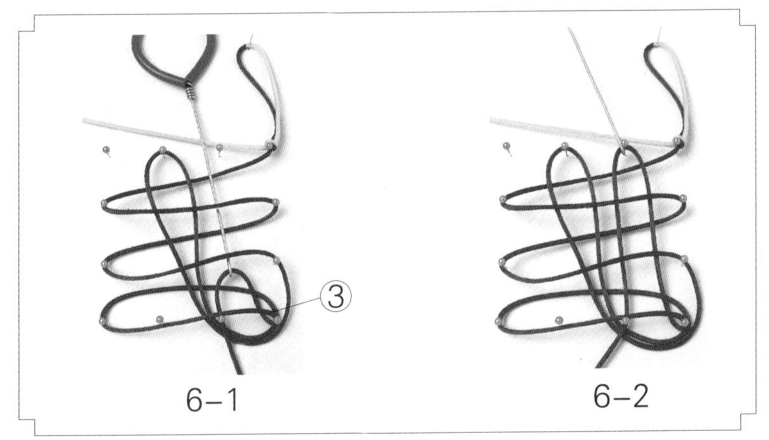

6. 钩出右边第三个耳翼③。

7. 紫线的走向。

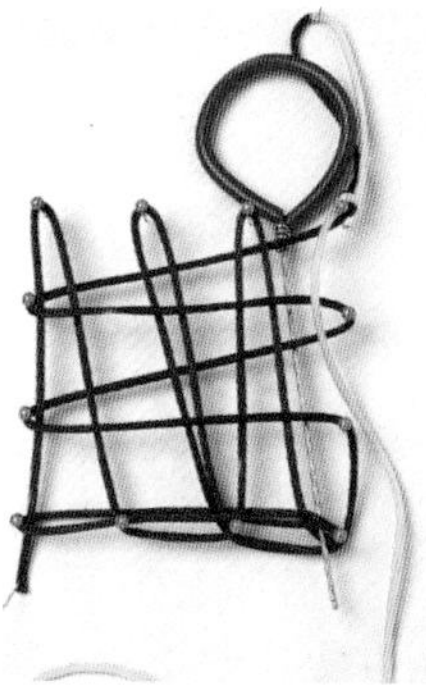

8–1 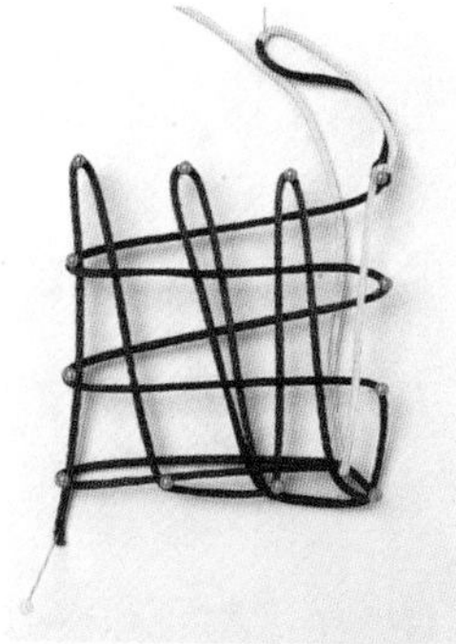　　8–2 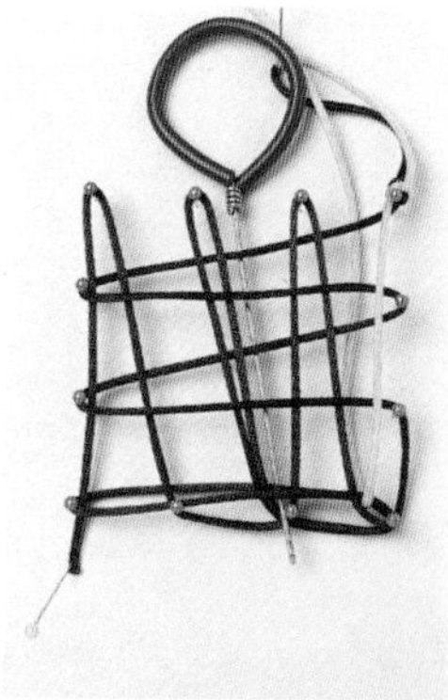　　8–3

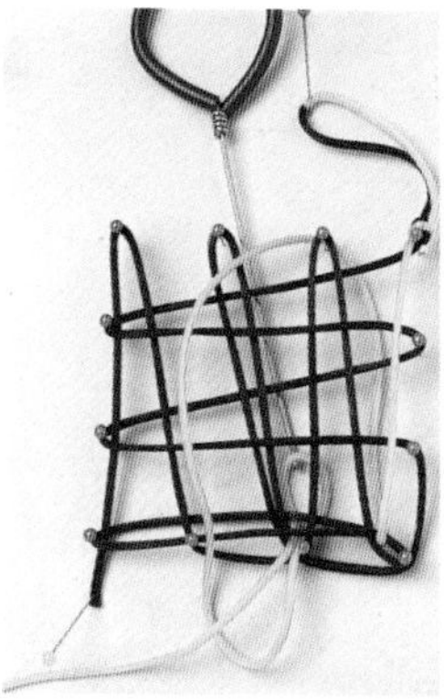

8–4 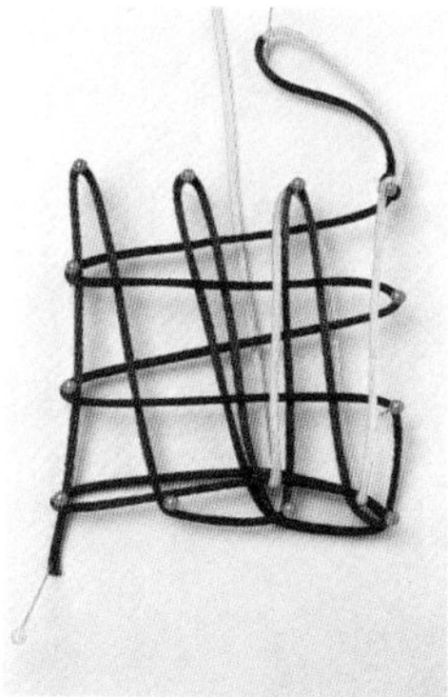　　8–5 　　8–6

8. 黄线的做法跟紫线一样。

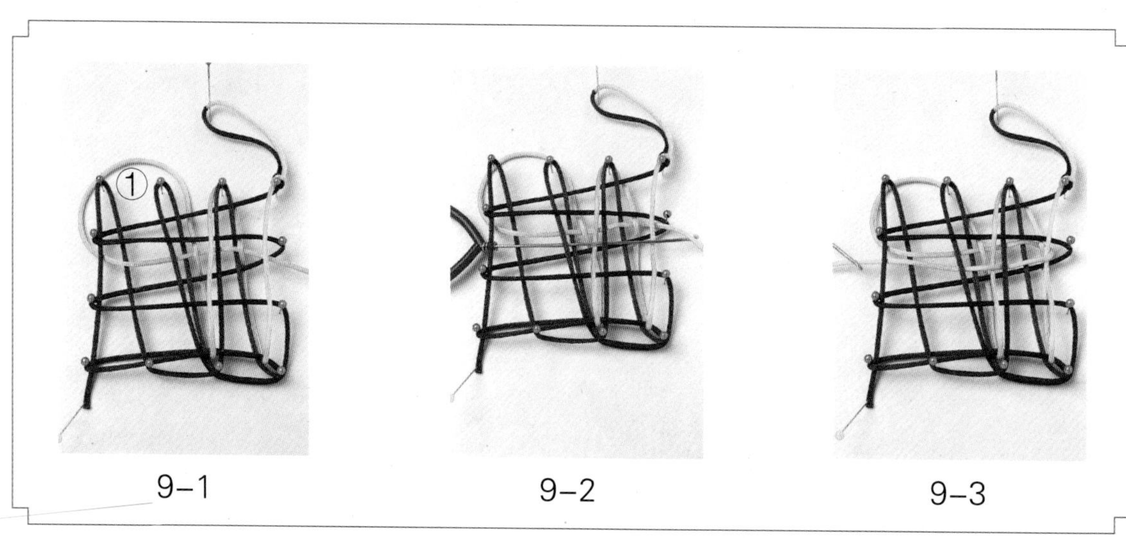

9–1　　9–2　　9–3

9. 钩出左边第一个耳翼①。

10–1 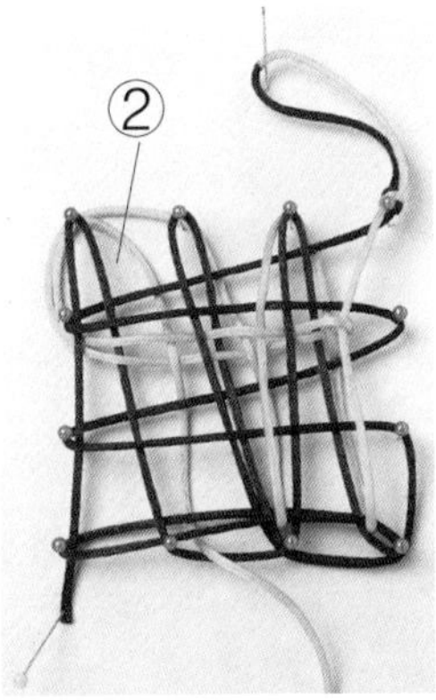　　10–2 　　10–3

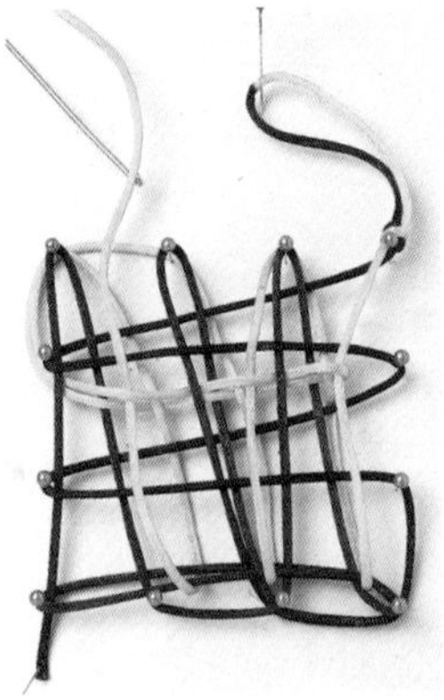

10–4 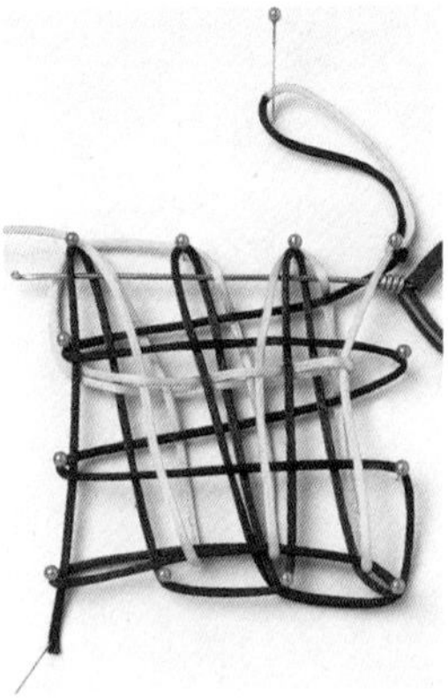　　10–5

10. 钩出左边第二个耳翼②。

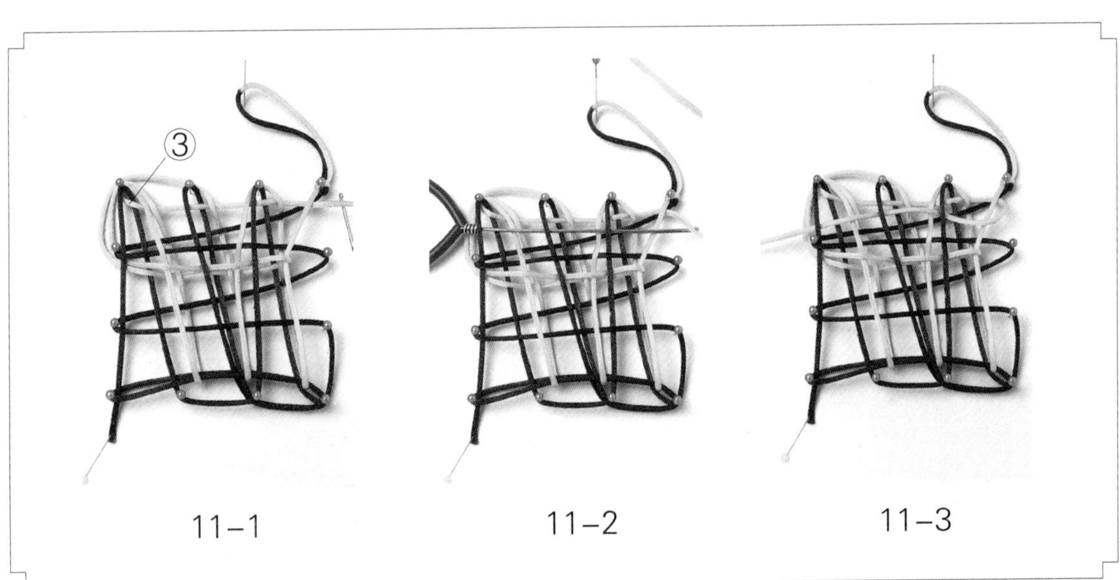

11–1　　11–2　　11–3

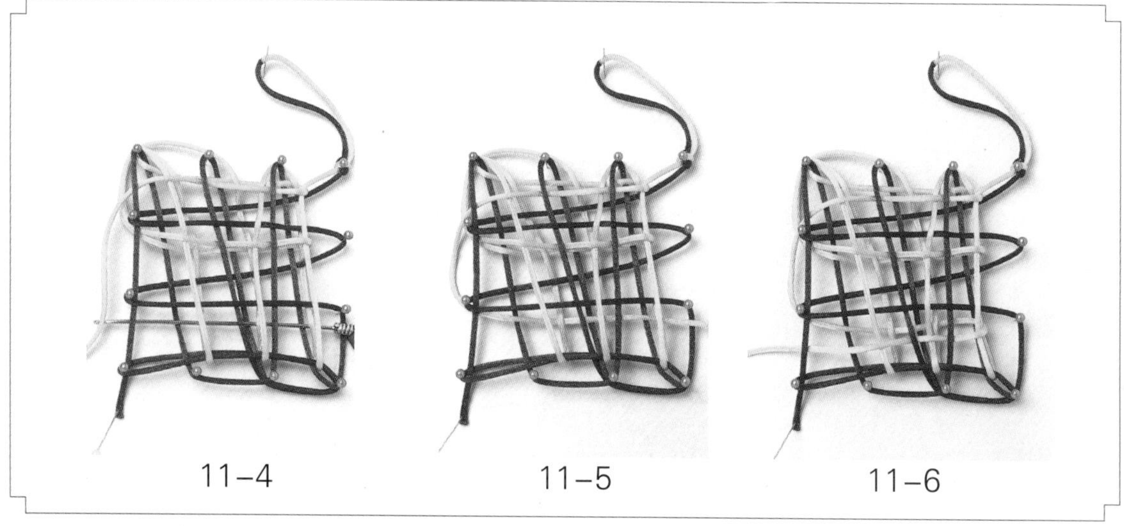

11. 钩出左边第三个耳翼③。

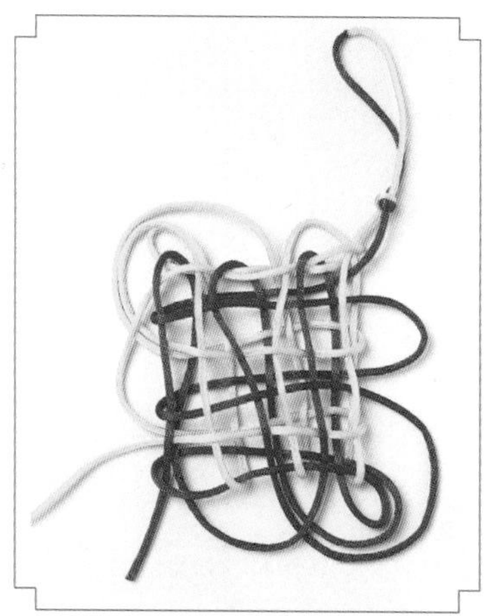

12. 取出结体。

13. 调整好结形即可。

鲤鱼结

鲤鱼结从盘长结变化而来，外观形似鲤鱼，有着金玉满堂、鱼跃龙门、家有余庆的含义，常用于制作大中型的室内挂饰。

制作过程

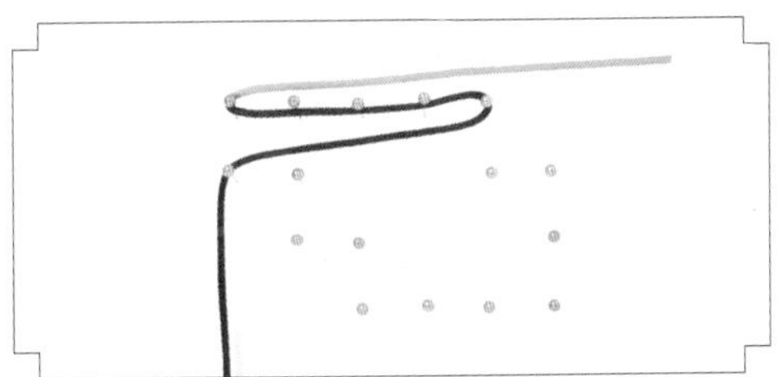

1.红线走两行横线。

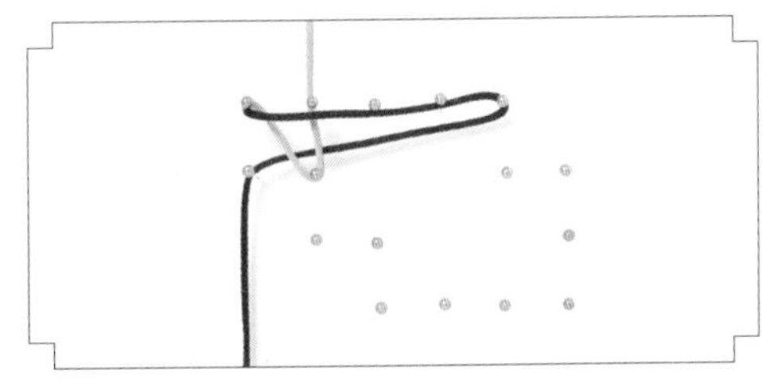

2.黄线走两行竖线。

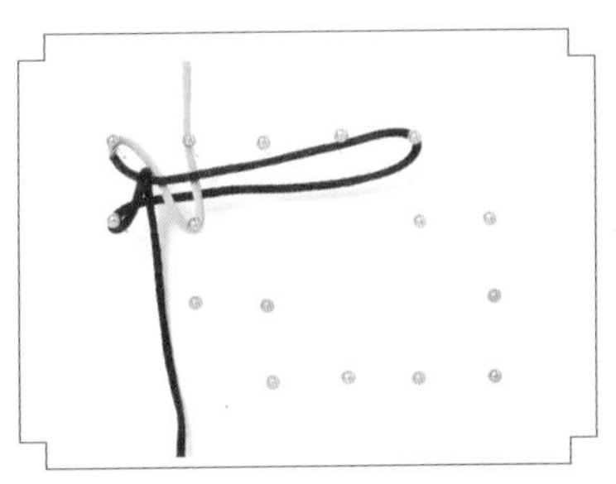

3.红线一去一回走两行竖线，套住两行横线。

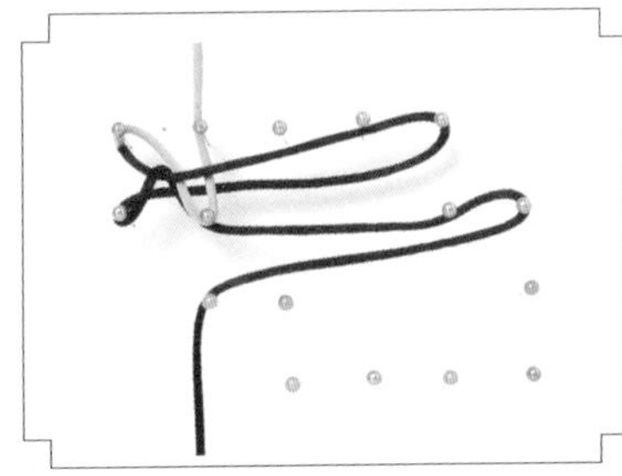

4.红线同样再走两行横线。

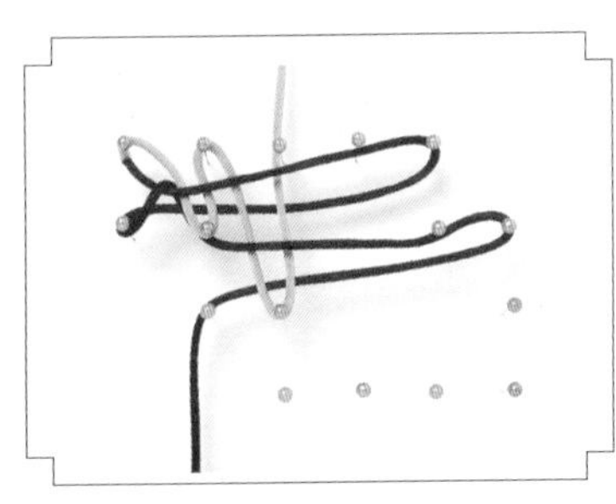

5.黄线再走两行竖线。

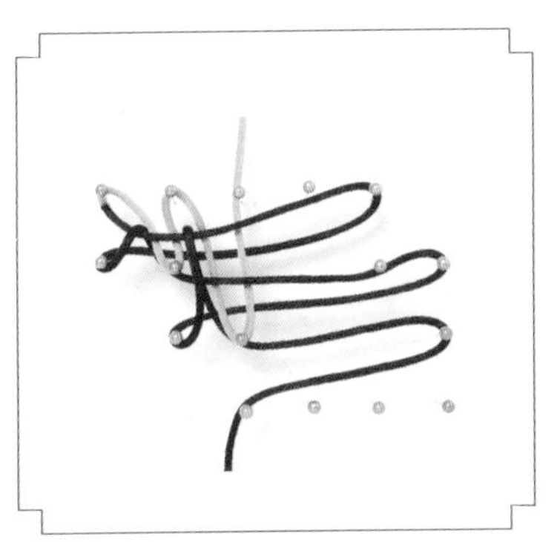

6.红线走两行竖线，套住四行横线，然后再走两行横线。

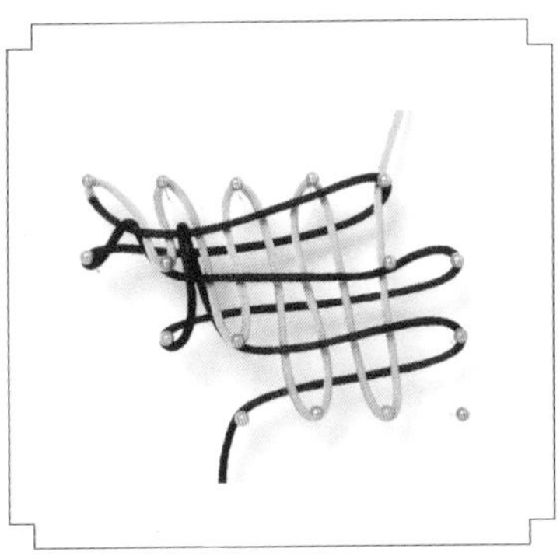

7.黄线走四行竖线。

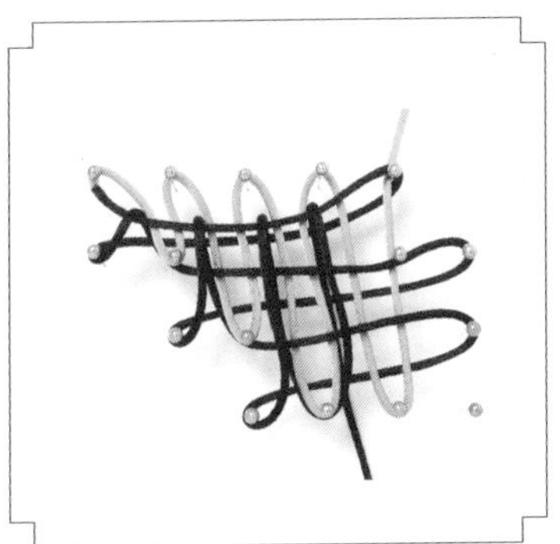

8.红线走四行竖线，套住横线。

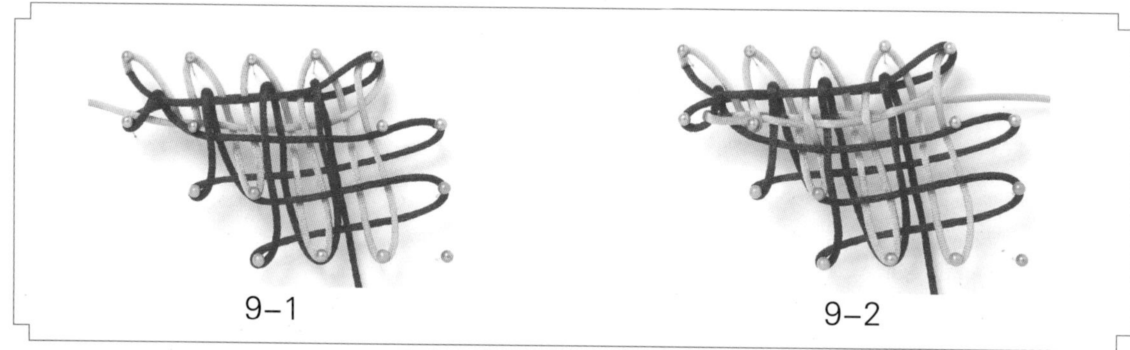
9–1　　9–2

9.黄线走两行横线，进到黄竖线中，套住红竖线。

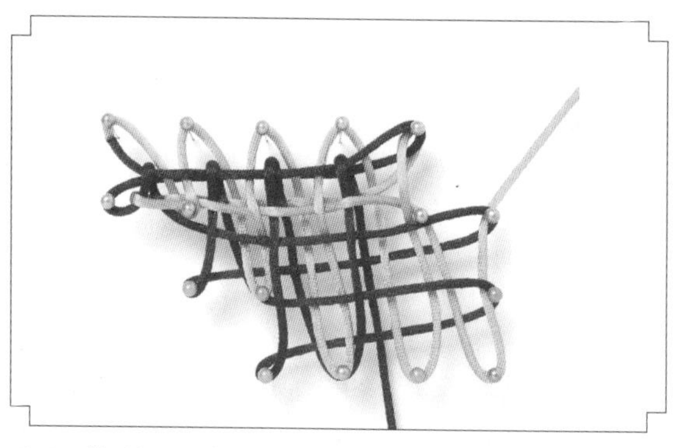

10.黄线再走两行竖线，套在下面的四行红横线中。

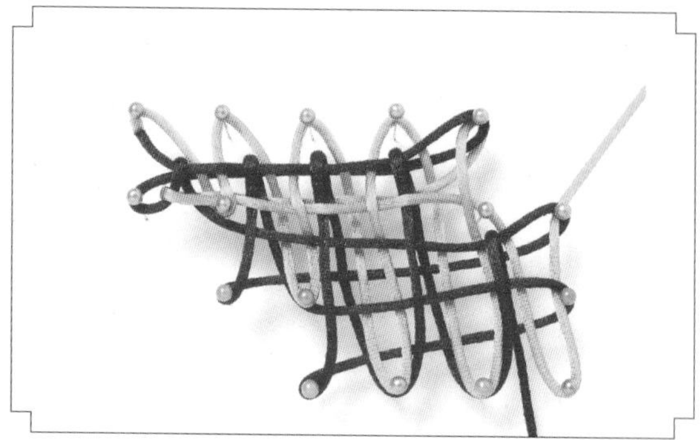

11.红线走两行竖线。

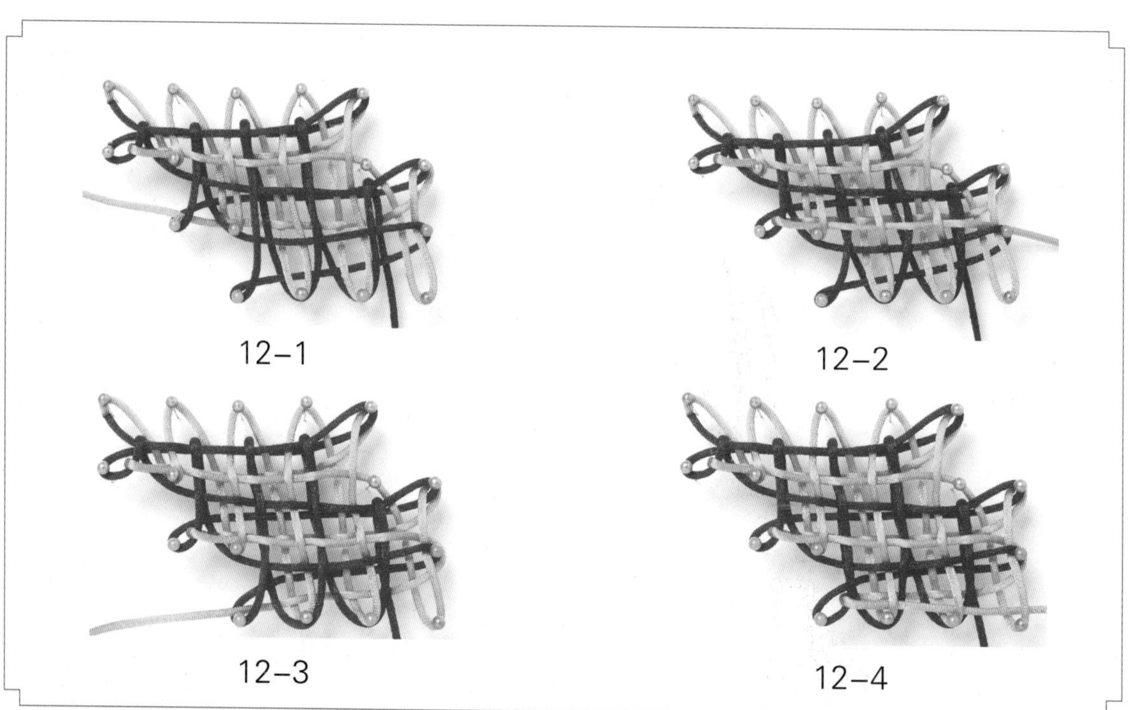
12–1　　12–2

12–3　　12–4

12.黄线仿照步骤9中的走线方法，如图走四行横线。

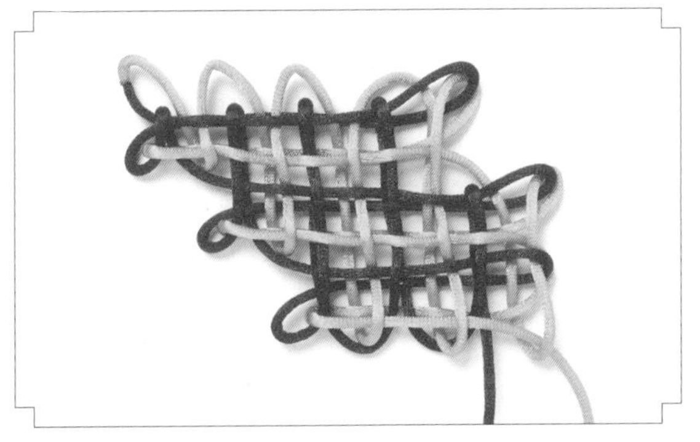

13.取出结体。

14.调整成形。

15.将多余的线剪掉，然后如图另外穿一条线做鱼鳃，并在鱼的头部粘上活动眼珠即可。

同心结

同心结由十耳盘长结和酢浆草结组合而成，常用来编挂饰，寓意两情相悦、夫妻同心。

制作过程

1. 用 12 根大头针插成一个方形。

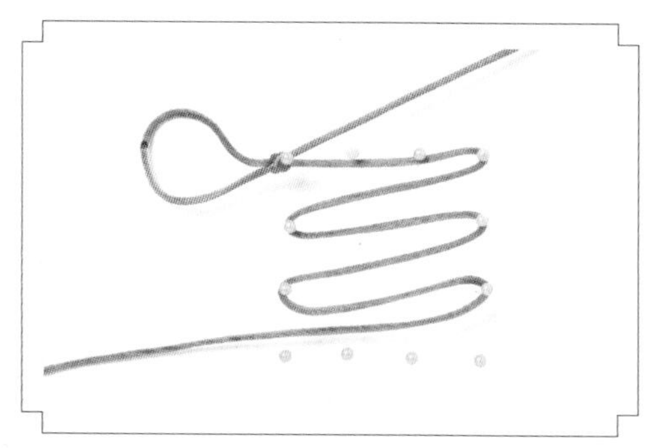

2. 绿线在大头针上绕出 6 行横线。

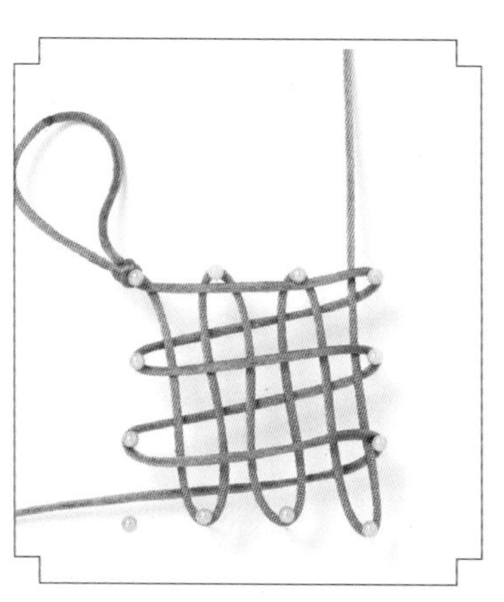

3. 粉线挑第一、第三、第5行绿横线，绕出6行竖线。

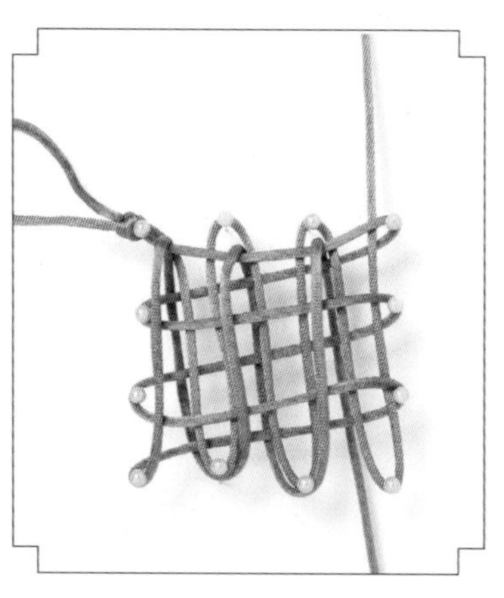

4. 绿线包住所有的横线，分别走6行竖线。

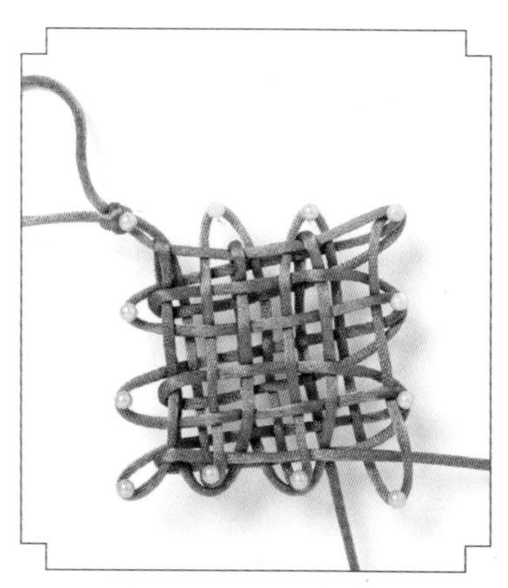

5. 粉线如图走6行横线。

6. 从大头针上取出结体。

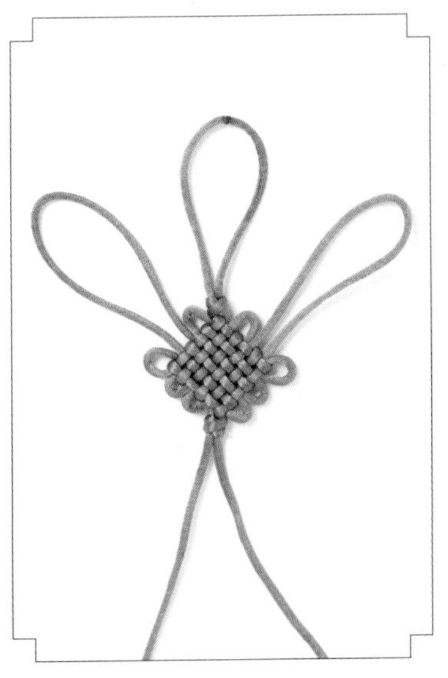

7. 调整结形，分别拉长两侧的一个耳翼。

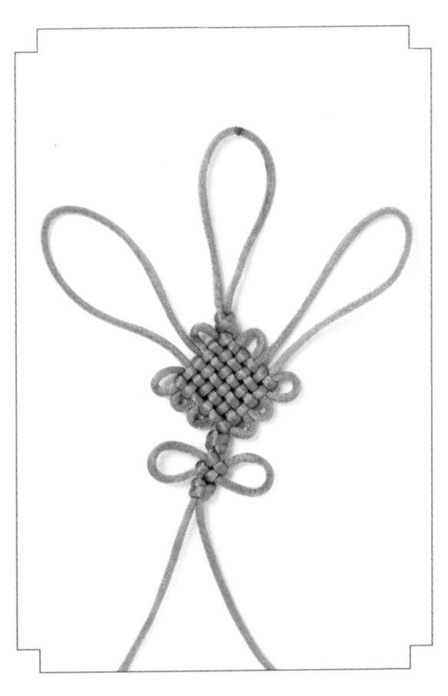

8. 在盘长结下面依次打双联结、酢浆草结、双联结。（注意：把酢浆草结两侧的耳翼拉大一些。）

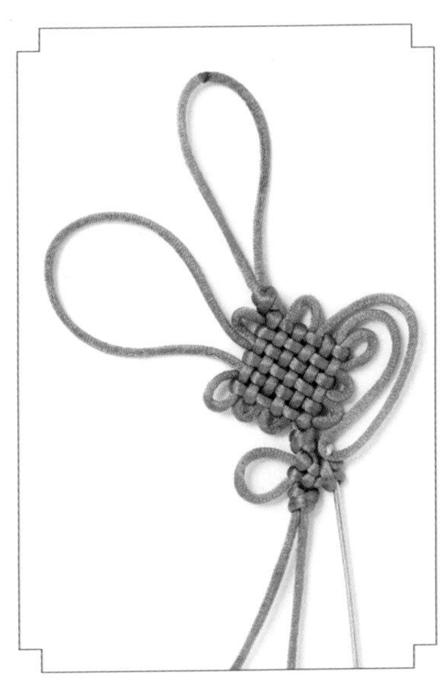

9. 把酢浆草结右侧的耳翼弯起来做一个圈，钩针从圈中伸过去，钩住上面的长耳翼。

10. 把右边的长耳翼钩向下。

11. 左边仿照右边的做法编结。这样，一个同心结就制作完成了。

一字盘长结

一字盘长结因结形似“一”字而得名，是盘长结的变体，其编法与盘长结大致相同，唯一不同的是两条线最后在结体的中间部分会合。

制作过程

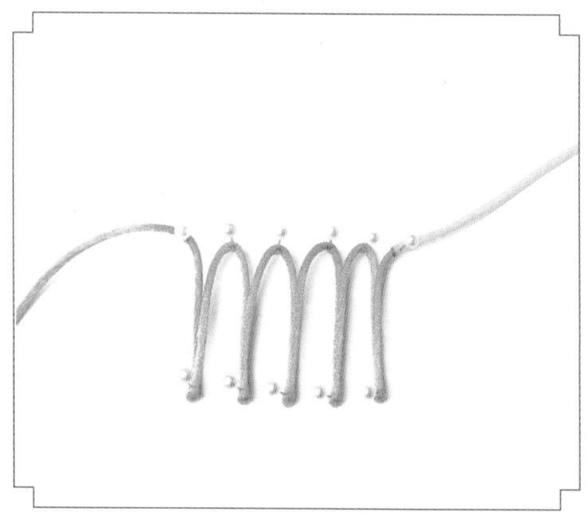

1. 用蓝线做 5 个长短一致的竖套。

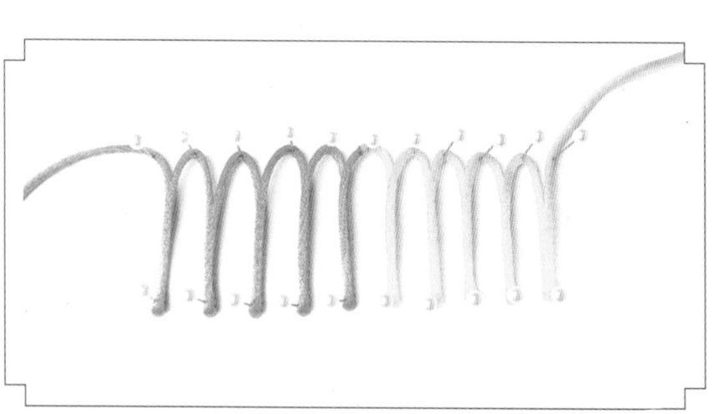

2. 黄线在右边同样做 5 个竖套。

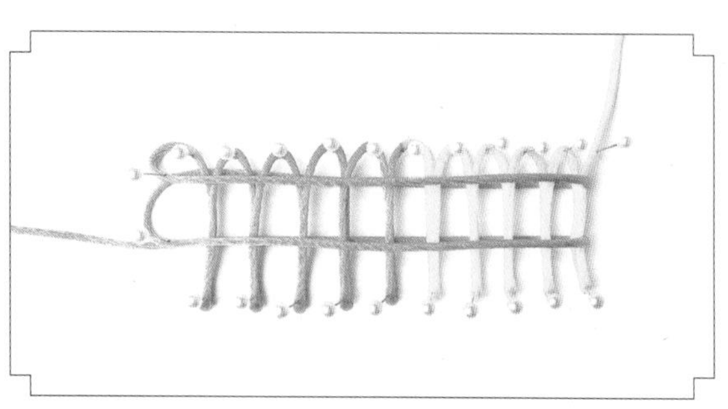

3. 蓝线做两个横向的包套，包住之前做好的 10 个竖套。

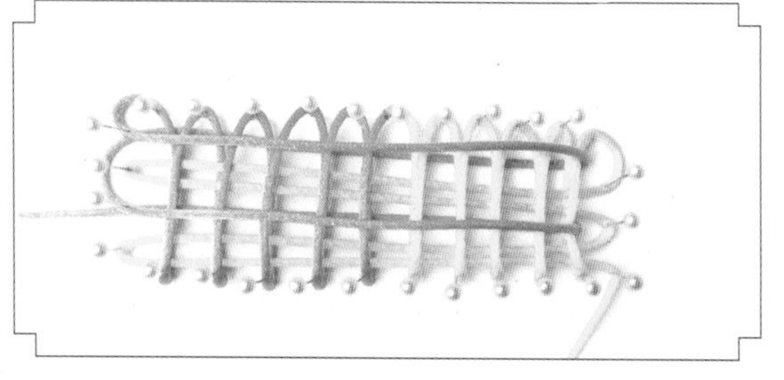

4. 黄线做两个横向的进套，进到之前做好的 10 个竖套内。

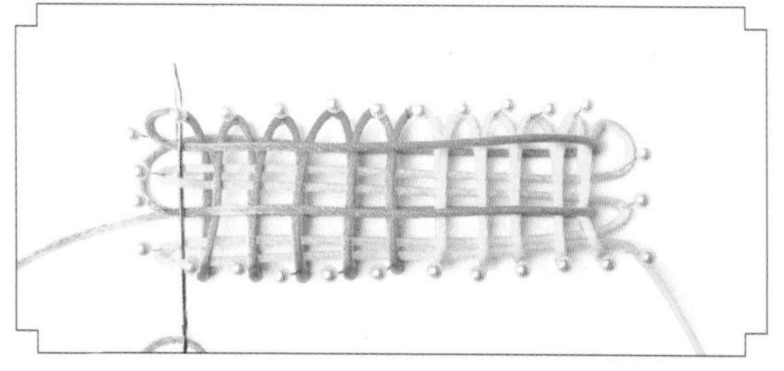

5. 蓝线进黄套，包蓝套后进黄套，再穿入左上方的耳内。

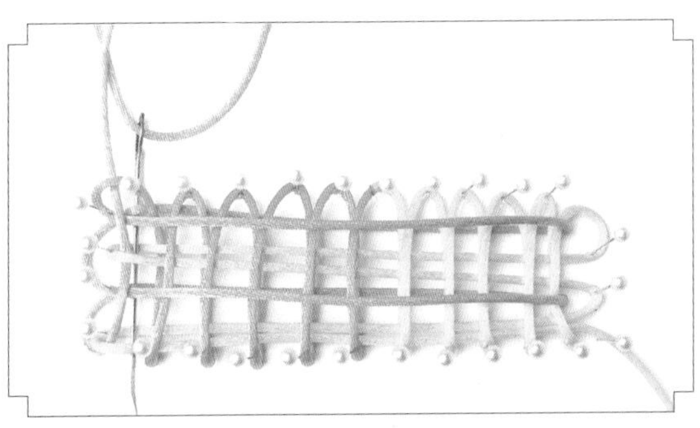

6. 蓝线从下面包蓝套进黄套后返回。

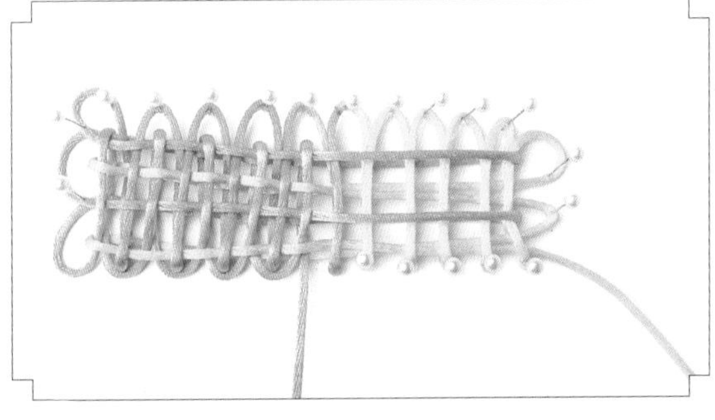

7. 蓝线重复步骤 5~6 的做法，再做 4 个竖套。

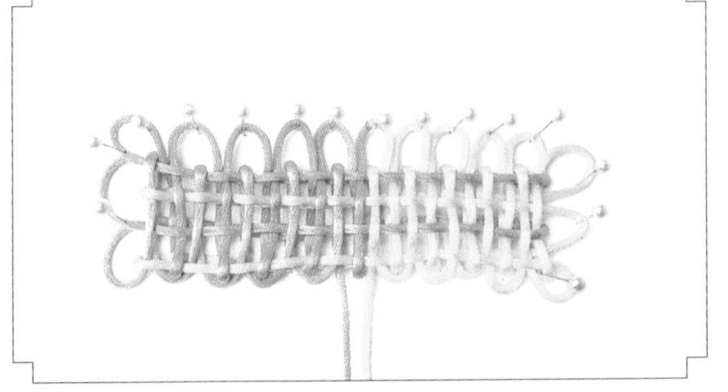

8. 黄线仿照蓝线的做法，走线完成。

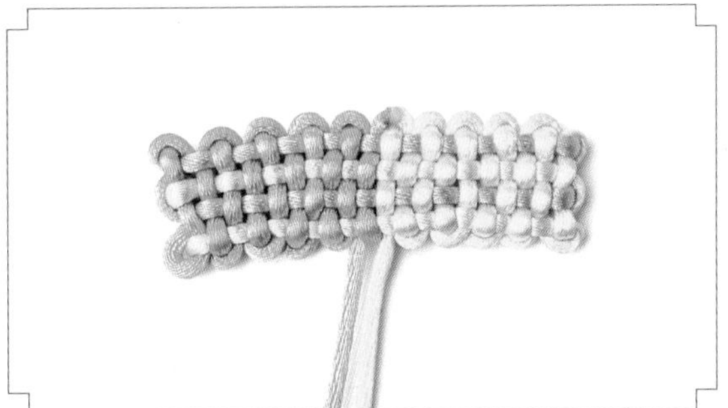

9. 将一字盘长结的结形调整好。

酢浆草盘长结

此结由盘长结和酢浆草结组合而成，编结时在盘长结两侧各编一个酢浆草结即可。

制作过程

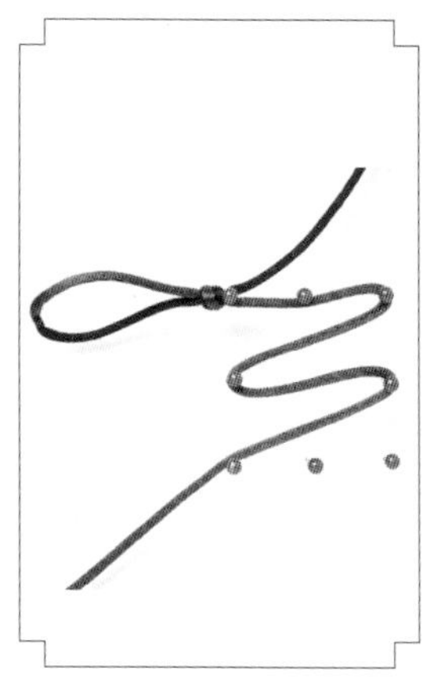

1. 绿线在大头针上绕出4行横线。

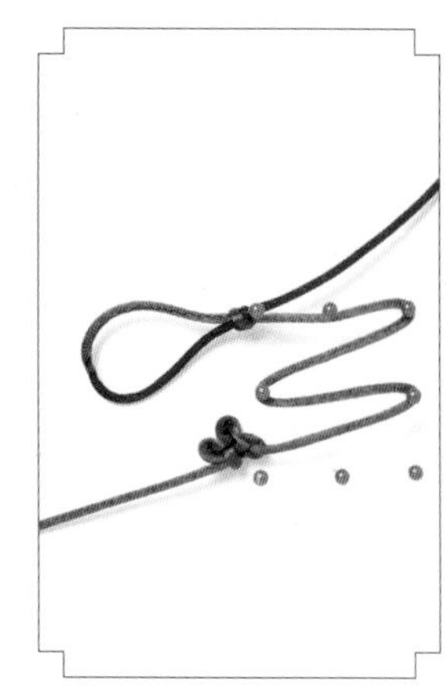

2. 绿线打 1 个酢浆草结。

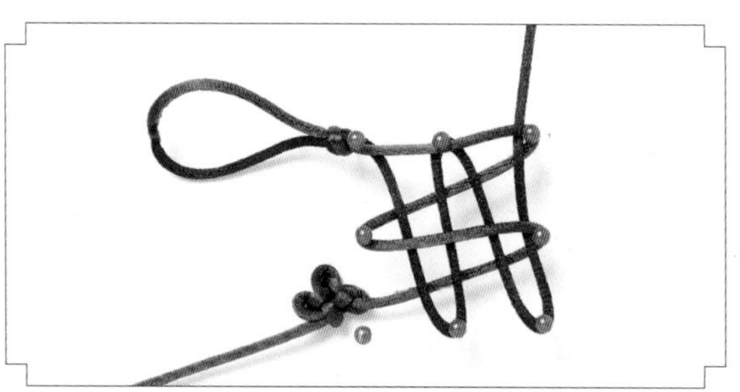

3. 红线挑第一、第三行横线，走4行竖线。

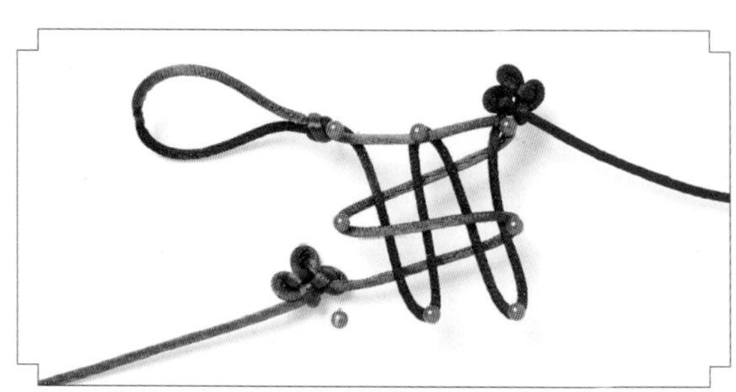

4. 红线也打1个酢浆草结。

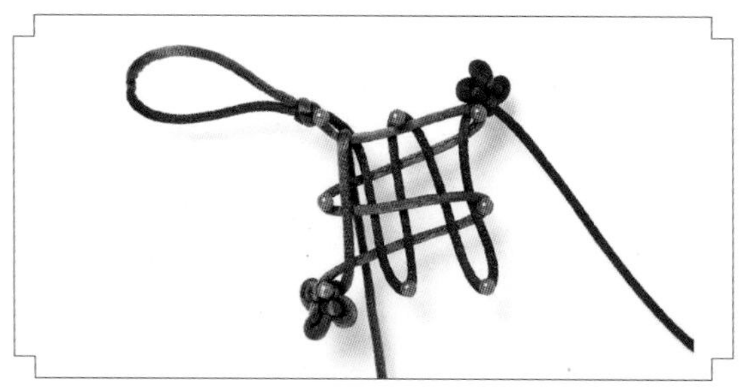

5. 绿线拉向上，然后用钩针把绿线从四行横线的下面钩向下。

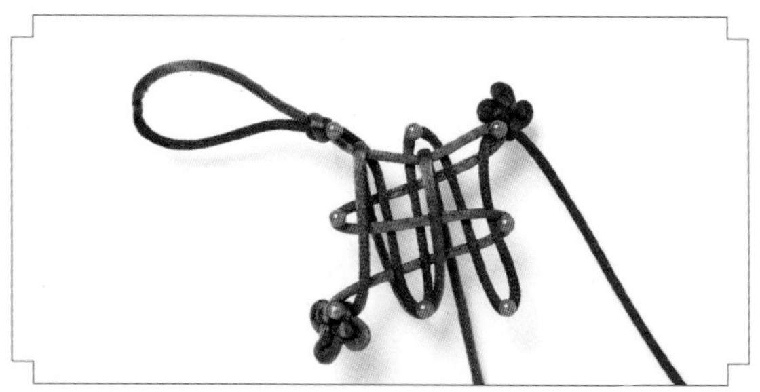

6. 绿线仿照步骤5的方法再做一次。

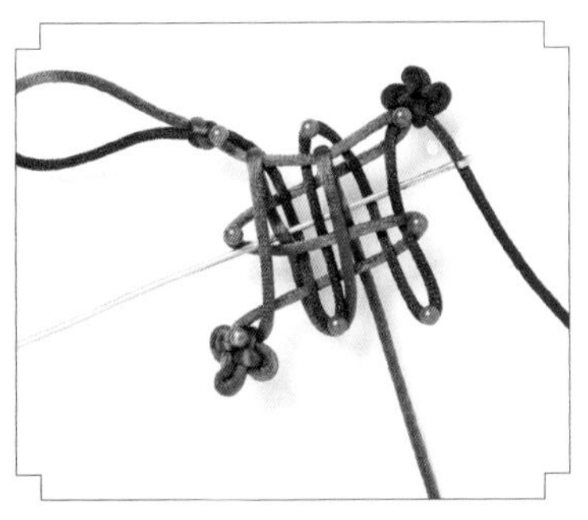

7.钩针挑2线，压1线，挑3线，压1线，挑1线，钩住红线。

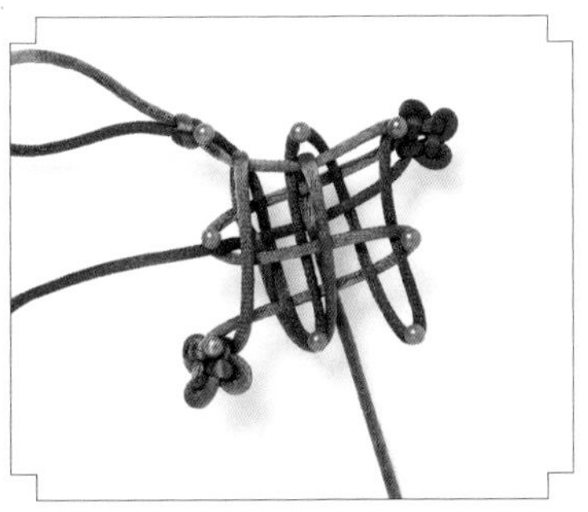

8.把红线钩向左。

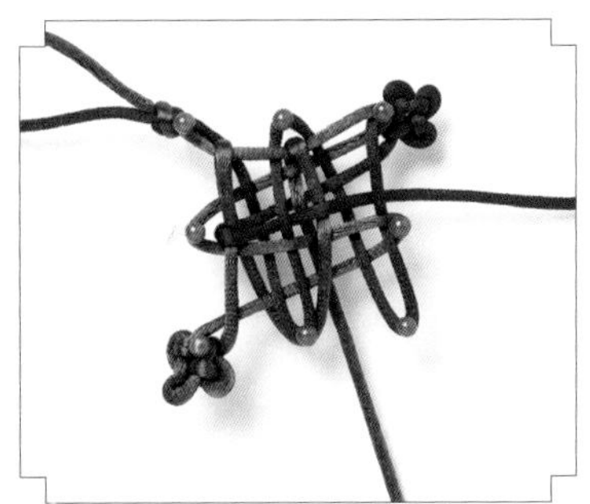

9.如图与步骤7逆序地把红线钩向右。

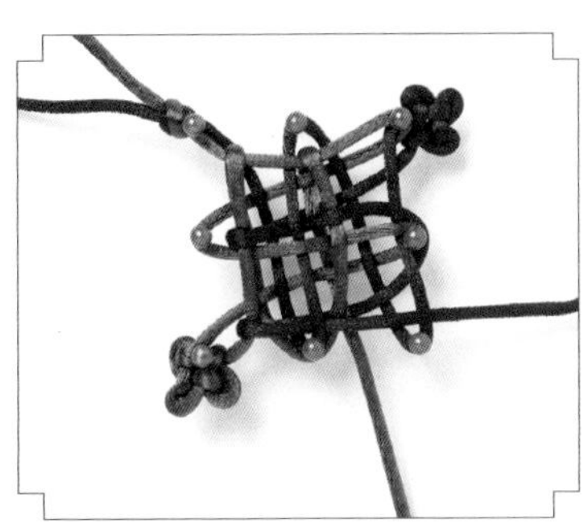

10.红线仿照步骤7~9的方法再做一次。

11. 取出结体。

12. 调整好结体。

单翼磬结

磬是一种打击乐器，也是一种吉祥物。磬结因形似磬而得名，“磬”与“庆”同音，所以也象征吉庆。

磬结由两个长形盘长结交叉编制而成，延伸范围很广，可以变化出很多种结体。

制作过程

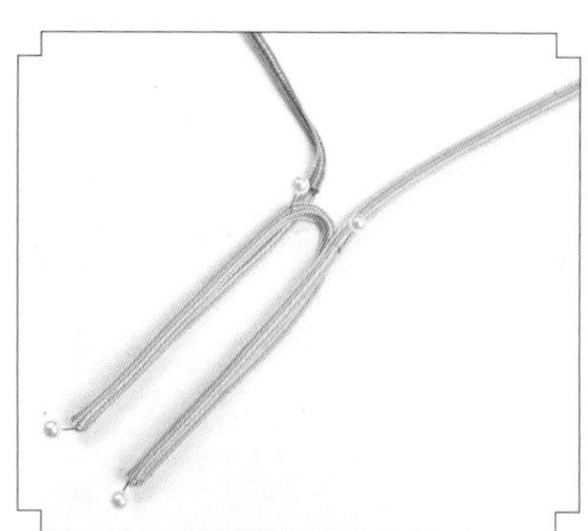

1.黄线做两个长套。

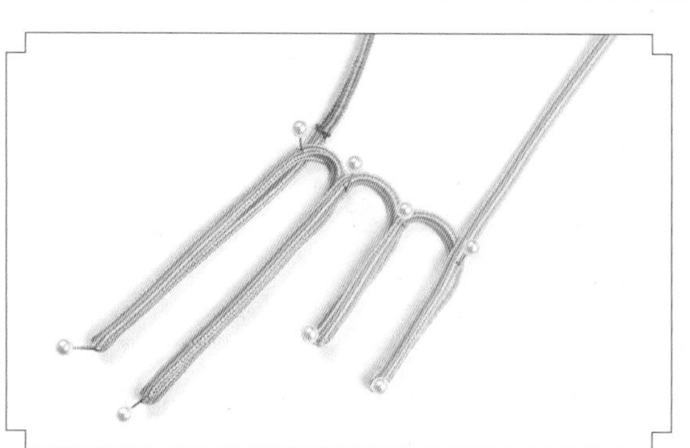

2.黄线再做两个短套。

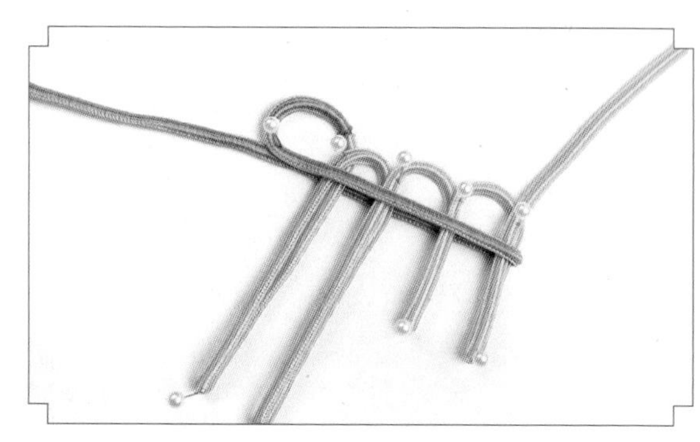

3.蓝线做一个长套，包住刚才做好的四个黄套。

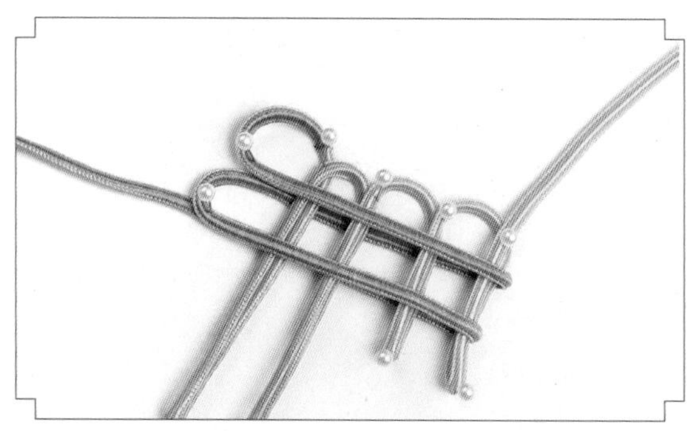

4.蓝线重复步骤3的做法，再做一个长套。

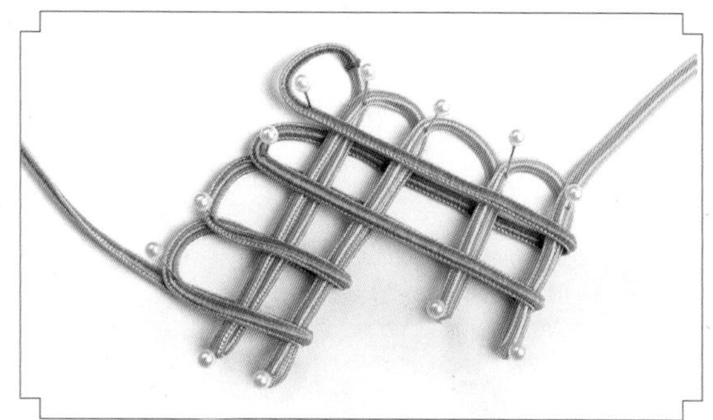

5.蓝线再做两个短套，包住两个长的黄套。

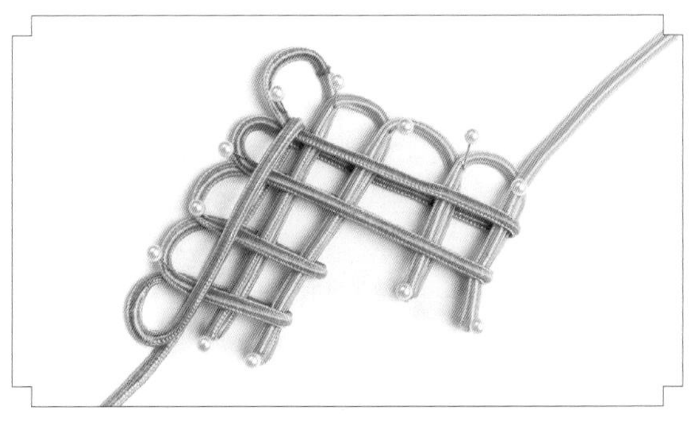

6.蓝线做一个长套，包住所有蓝套。

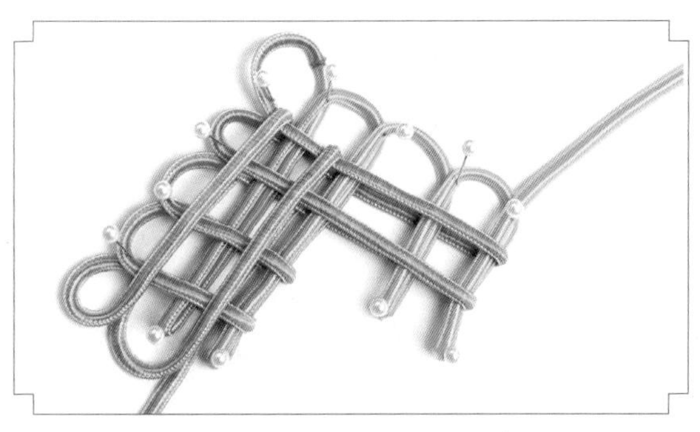

7.蓝线重复步骤6的做法。

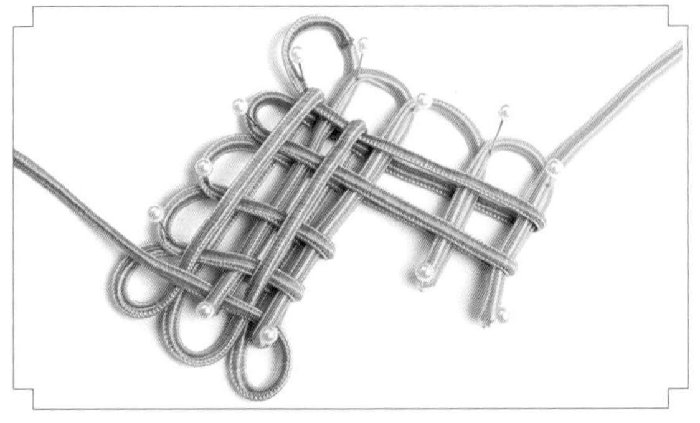

8.蓝线做进（即从套中穿进去）包（即从套上包抄过去）进包。

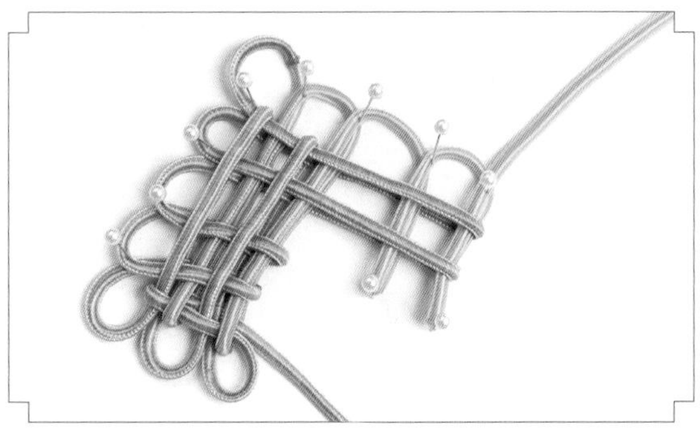

9.蓝线做包进包进，从下面返回来。

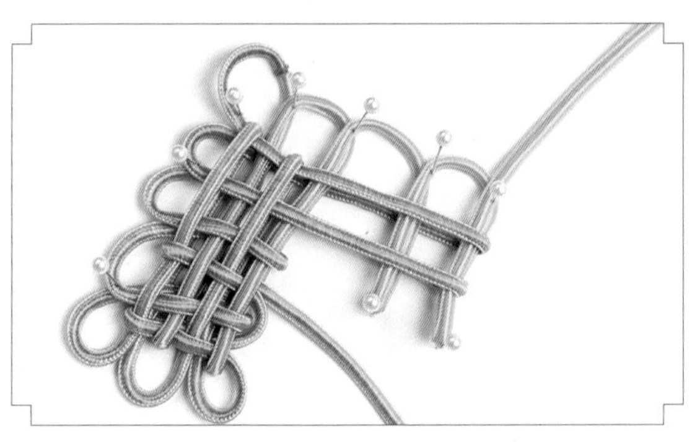

10.蓝线重复步骤8~9的做法。

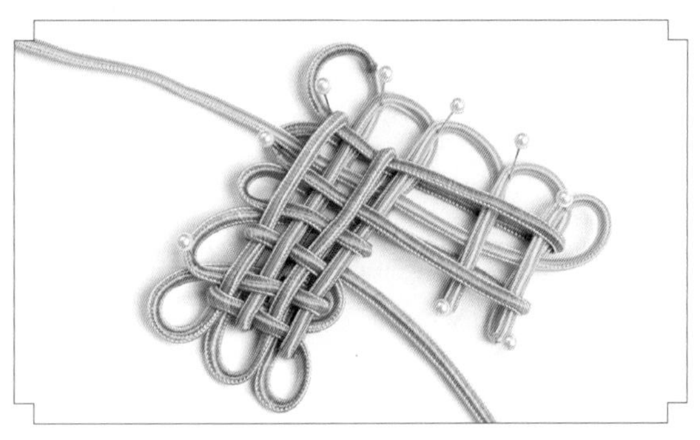

11.黄线做进进进包进包从下方穿过。

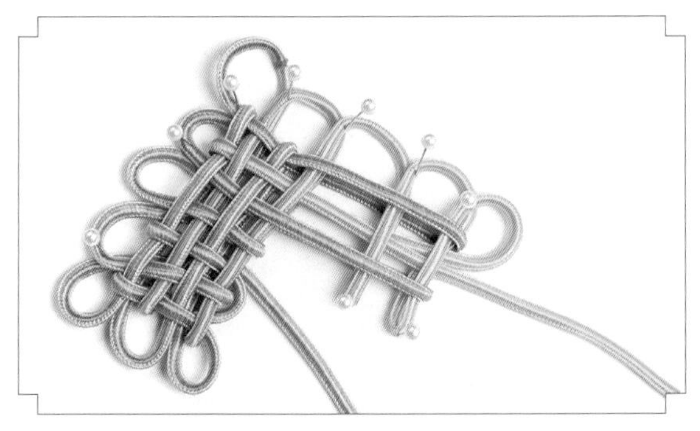

12.黄线再做包进包进进进，做一个长套返回。

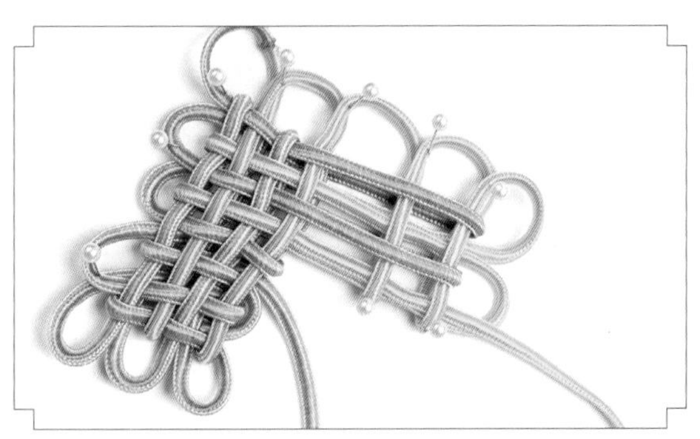

13.黄线重复步骤11~12的做法。

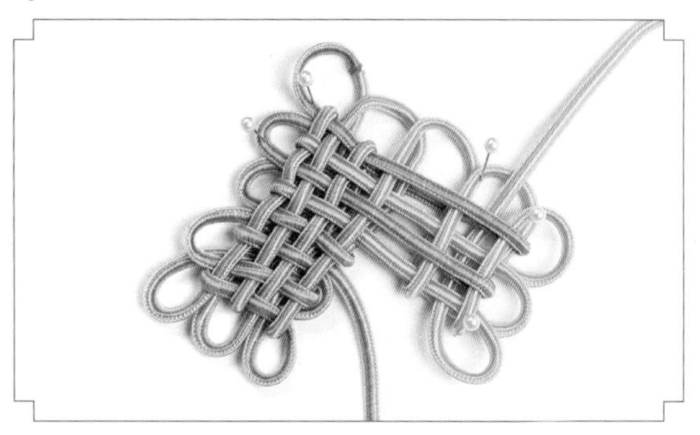

14.黄线做进包进包。

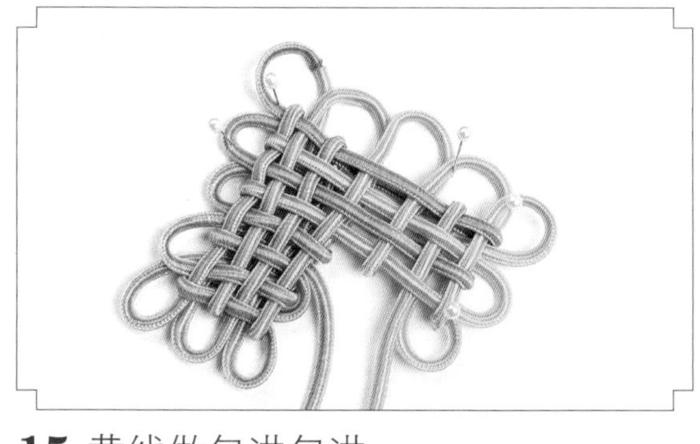

15.黄线做包进包进。

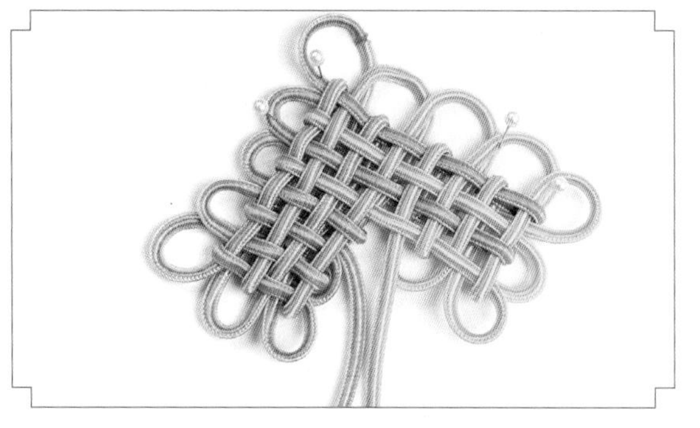

16.黄线重复步骤14~15的做法。

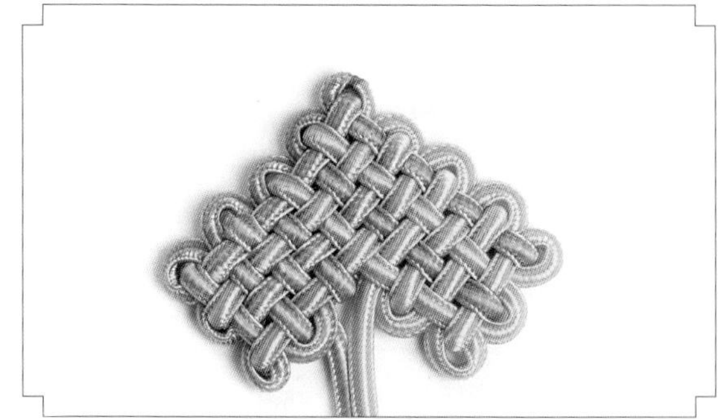

17.将线收紧，调整好磬结的结形。

结法运用与作品欣赏

清新

编制要领： 此手链编法较为简单，用8根不同颜色的A玉线编，连续编八股辫，最后添上龙虾扣即可。

所用结法： 八股辫

如愿

编制要领： 先取1根A玉线对折后编1个双联结（留出扣环长度），然后加入1根不同颜色的A玉线，4根线一起编圆形玉米结至合适长度后穿珠子收尾即可。

所用结法： 圆形玉米结　双联结

玲珑

编制要领：准备1段适当长度的细钢圈，然后用B玉线包住钢圈编金刚结，每编5个金刚结穿入1颗珠子，编至适当长度后收尾即可。

所用结法：金刚结

鸿运

编制要领：准备1根A玉线，对折后编1个双联结，再加入两根A玉线，对折后跟之前的两根线一起编双线三股辫至合适长度，最后编两个四边菠萝结收尾。

所用结法：三股辫　四边菠萝结　双联结　单结

洪福

编制要领： 准备适当长度的细钢丝，然后以其为轴编藻井结，每两个藻井结之间间隔1颗珠子，编至适当长度后添上相应的配饰并收尾即可。

所用结法： 藻井结

知足

编制要领： 将两根不同颜色的A玉线对接起来后对折，编1个双联结(将线口藏在双联结里)，然后两线交错编凤尾结，重复上述步骤编至合适长度收尾即可。

所用结法： 凤尾结 双联结

缘分

编制要领： 准备1根较长的A玉线，在靠上的位置对折后编1个双联结，做出手链的活扣，然后剪掉短线，剩下的线做中心线，加入1根线绕其编双向平结至合适长度，加入相应配饰收尾即可。

所用结法： 双向平结 双联结

简约

编制要领： 这款手链编制方法非常简单，以双向平结编制成链绳，在此过程中添加相应的配饰，最后以双向平结和单结收尾即可。

所用结法： 双向平结 单结

佛缘

编制要领：这款手链从中间开始编，先穿入珠子并以双联结间隔，然后分别向两边编单向平结，编至适当长度后以双向平结和单结收尾即可。

所用结法：单向平结 双联结 单结 双向平结

善心

编制要领：这款手链从中间开始编，先穿入珠子并以双联结间隔，然后分别向两边编圆形玉米结，编至适当长度后以双向平结和单结收尾即可。

所用结法：圆形玉米结 双联结 双向平结 单结

缠绵

编制要领：取两根5号线编两股辫至合适长度，加上配饰并收尾即可。

所用结法：两股辫

长久

编制要领：这款项链从尾端开始编起，在两股辫的基础上加入几颗珠子，或者编几个金刚结和六耳盘长结作为装饰，两边对称编制，再加上相应的吊坠即可。

所用结法：六耳盘长结 金刚结 两股辫 单结

幸运星

编制要领：用两根不同颜色的线绕塑料圈交错编雀头结作为项链的吊坠，然后在两边的链绳上随意点缀一些金刚结、双联结收尾即可。

所用结法：雀头结 金刚结 双联结

花开

编制要领：此款项链先以八股辫编制链绳，再绕上股线编两个金刚结，以线圈连接吊坠，最后以秘鲁结和单结收尾即可。

所用结法：八股辫 金刚结 绕线 线圈 秘鲁结 单结

低调

编制要领： 此款项链编法简单，先以1个双线纽扣结起头，然后绕上适当长度的股线后编两股辫至适当长度，最后再次绕上股线，留出活扣，链绳即完成，然后另取1根短线绕线，编双联结和单结，添上吊坠即可。

所用结法： 两股辫　双线纽扣结　绕线　双联结　单结

简单

编制要领： 取1根A玉线对折后编两个金刚结，再编1段两股辫，继续编两股辫、金刚结至合适长度，在此过程中根据自己的喜好添加配饰，最后编双向平结、单结收尾即可。

所用结法： 金刚结　两股辫　单结　双向平结

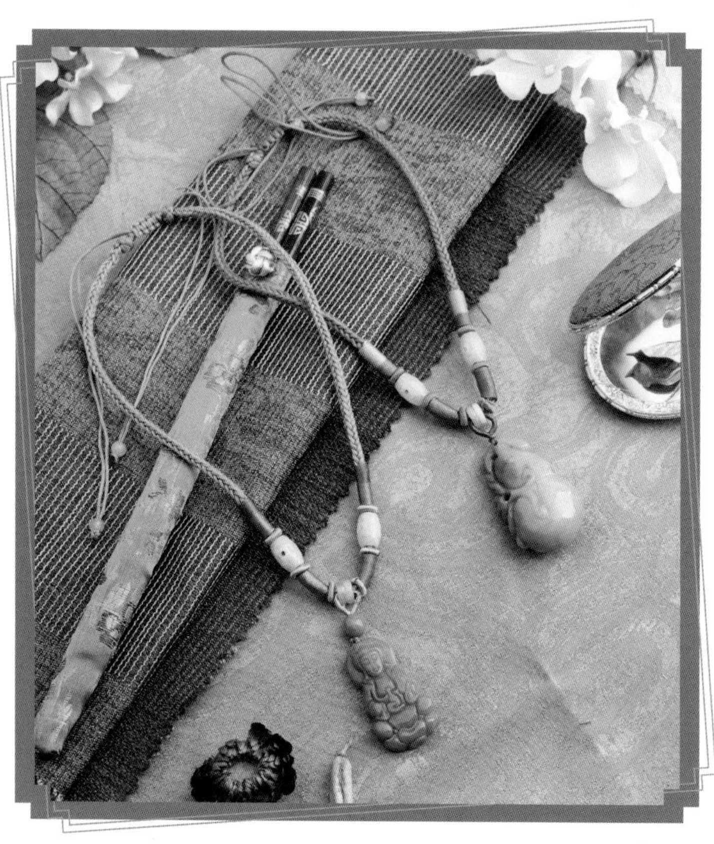

福到

编制要领： 此款项链比较简单，在八股辫的基础上加入一些新元素的点缀，如股线、线圈、配件等，吊坠和链绳之间通过线圈连接，最后以双向平结结尾。

所用结法： 八股辫　绕线线圈　双向平结　单结

顺心

编制要领： 此款项链链绳由随意的金刚结、藻井结编制而成，并在其间随意点缀一些玉石珠子。两边对称编制，最后在中间位置加入多种配饰组合，中间用纽扣结隔开，编凤尾结收尾即成。

所用结法： 金刚结　凤尾结　藻井结　纽扣结

灵动

编制要领： 这是一款以纽扣结为主结饰的作品，编制方法很简单，两线对折，连续编多个双线纽扣结，加上配件后以秘鲁结收尾即可。

所用结法： 双线纽扣结 秘鲁结

优雅

编制要领： 这款挂饰编制方法比较简单，先将线对折，以双联结起头，然后编1个四宝三套宝结，最后添加自己喜欢的配件，再以双联结和单结收尾即可。

所用结法： 四宝三套宝结 双联结 单结

祥瑞

编制要领： 此挂饰编法比较简单，由1个双联结起头，接下来编1个十耳盘长结和3个纽扣结，最后加上流苏收尾。需要注意的是，纽扣结要用金线套色，这样能使作品看起来更有质感。

所用结法： 十耳盘长结 双联结 双线纽扣结 流苏

吉庆

编制要领： 取1个挂饰挂耳，然后取1根6号线穿过挂耳，编1个双联结起头，再编1个单翼磬结当主结饰，最后添上相应的配件和流苏收尾即可。

所用结法： 单翼磬结 双联结 流苏

平安

编制要领：取1根6号线对折，编1个双联结起头，然后编1个十耳盘长结作为主结饰，以另一种颜色的6号线沿着10个耳翼走线一次，起到套色的作用，最后随个人喜好添加配件和流苏即可。

所用结法：十耳盘长结　双联结　流苏

精致

编制要领：这款作品重在结法与配饰的搭配，结法比较单一，先编1个双联结起头，然后编1个复翼盘长结，最后根据自己喜好添加相应的配饰即可。

所用结法：复翼盘长结　双联结

大眼睛

编制要领： 准备1根6号线对折后留出挂耳，编1个双联结，然后两线以塑料圈为轴分别向两边编雀头结，期间分别编1个单线双钱结当“耳朵”，雀头结对接后，由下至上编双向平结、单结，穿入相应配件，完成此款挂饰的编制。

所用结法： 雀头结 双向平结 双钱结 双联结 单结

双鱼

编制要领： 先编1个十耳盘长结，整理成鱼的形状，然后编1个双环结当鱼尾巴，最后粘上活动眼珠，挂上铃铛做装饰即可。

所用结法： 十耳盘长结 双环结